0~3岁经典配色图案
宝宝毛衣

张翠 主编

辽宁科学技术出版社
·沈阳·

主　编：张 翠

编组成员：刘晓瑞 田伶俐 张燕华 郭加全 郝严婷 小辣椒 蓝扣子 丹弗儿 绒球儿 水相逢 香槟酒 向日葵 月迂雨 主儿布
　　　　 毛毛 陈诺 贝贝 依晨 多多 雪莲 稻田 方虹 飞儿 旭宝 笑笑 柚子译 水译 涵原 野
　　　　 菲比 枫吟 禾日 寒梅 慧子 晓白 百合 嘟嘟 芬琳 橄榄 哈贝 红袖 萧雅 紫尔 自乐
　　　　 邹邹 飞翔 梅了 玫瑰 霖霖 飞域 妗金 玲玲 宝儿 云儿 转角 年代 信念 幸福 陈瑶
　　　　 晨晨 布丁 蓓蕾 安邦 风兰 雪花 金牛 菲雪 丽丽 玲玲 随缘 婉玉 木瓜 砂砂 姗姗
　　　　 沉默 迷离 翔妈 颖妈 蒙昧 杜曼 若安 无想 琳玲 莹宽 昊昊 小翼 果妈 薇薇 小汐
　　　　 天舜 小瑜 爱海 宝妈 贝妮 冰蓝 成妈 点爱 发现 青青草 采桑子 轩轩妈 情缘叶 希希妈 白蝉花

图书在版编目（CIP）数据

0~3岁经典配色图案宝宝毛衣/张翠主编. —沈阳：
辽宁科学技术出版社，2013.1

ISBN 978－7－5381－7753－4

Ⅰ.①0… Ⅱ.①张… Ⅲ.①童服—毛衣—手工编织—
图集 Ⅳ.①TS941.763.1－64

中国版本图书馆CIP数据核字（2012）第258790号

出版发行：辽宁科学技术出版社
　　　　　（地址：沈阳市和平区十一纬路29号 邮编：110003）
印 刷 者：中华商务联合印刷（广东）有限公司
经 销 者：各地新华书店
幅面尺寸：210mm×285mm
印　　张：12
字　　数：200千字
印　　数：1~11000
出版时间：2013年1月第1版
印刷时间：2013年1月第1次印刷
责任编辑：赵敏超
封面设计：幸琦琪
版式设计：幸琦琪
责任校对：李淑敏

书　　号：ISBN 978－7－5381－7753－4
定　　价：39.80元

联系电话：024－23284367
邮购热线：024－23284502
E-mail：473074036@qq.com
http://www.lnkj.com.cn
本书网址：www.lnkj.cn/uri.sh/7753

敬告读者：
本书采用兆信电码电话防伪系统，书后贴有防伪标签，全国统一防伪查询电
话16840315或8008907799（辽宁省内）

目录

编织方法
p89

青葱小开衫

绿与白的配色，如青山白云，一片风轻云淡的苍翠，有小令云"青山相待，白云相爱"，这样一件美丽的衣服带给宝宝最大的温暖。

各色图案小开衫

雪白的颜色，各种各样图案的编织，形成了一幅色彩斑斓的画面，这样的一件小开衫相信每一位宝宝都会爱上的。

编织方法
p90～91

小熊仔配色毛衣

胖嘟嘟的小熊仔是那么的惹人怜爱，白色和蓝色的撞色搭配，能更好地吸引人的眼球。

编织方法 p92～93

编织方法
p96 ～ 95
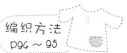

玩耍鸭套头衫

　　寒风呼啸的冬天渐渐绝了踪迹，春天的声音越来越近，
可以带着宝贝出门去远行，去看我们小时候的风景，满是
绿草芽的河边，小鸭子哗啦啦下水了。

美眉兔毛衣

小兔子也开始爱美了，红红的眼睛，红红的嘴巴，最是惹人喜爱。宝宝穿上它也会让人爱不释手。

编织方法
p96

阳光儿童套头衫

宝宝眼里的世界就像是五颜六色的泡泡，充满了梦幻的色彩与奇妙的玩意，这件色彩鲜艳的毛衣相信一定深受宝宝喜爱。

编织方法
p97～98

神奇奥特曼装

超能的奥特曼相信每一个小男孩都超爱，妈妈们如果给宝宝织一件这样的毛衣，那定是明智的选择。

编织方法
p99

灿烂笑脸毛衣

整件毛衣看上去就给人一种特别温暖舒适的感觉，线材的选择，让宝宝穿着更加的温馨。

编织方法
p100~101

爱心熊套头衫

红红的爱心，看着就热情洋溢。妈妈们可以根据宝宝的肤色选择适合宝宝穿着的毛线颜色，让宝宝穿着更加的美丽。

编织方法
p102～103

配色字母套头衫

整件衣服是由多种色彩配色而成的，但是不会给人凌乱的感觉。简单的款式编织，相信每一位妈妈都可以为自己的宝宝试试。

编织方法
P106

P105 ～ 106

捣药小兔装

　　韩版的款式，男宝宝和女宝宝都可以穿哦，将玉兔捣药的中国神话故事复制在毛衣上，让宝宝穿着这件温暖的毛衣给他讲嫦娥奔月的故事吧。

p107

艳丽娃娃装

艳丽的蓝色点缀着纯纯的星光似的白色豆豆花，
漂亮极了，宝贝穿上它再带一个蓝色的小发卡，就像
童话里走出来的蓝精灵。

帅气长袖衫

     白色和深灰色搭配织成的这款长袖衫，给人一种非常时尚的感觉，领口的交错设计也显得十分的休闲。

编织方法
p108～109

编织方法
P110

黑色小背心

黑色小背心显得十分的精致，衣身小猫咪的
脑袋系着一个正在飘扬的气球，别有风趣。

俏皮长颈鹿

可爱的长颈鹿正伸长自己的脖子翘首企盼，旁边的椰子树编织得也是栩栩如生，相信很招小朋友的喜欢。

编织方法 P111

编织方法
P112～113

拼色猫咪套头衫

简单的套头衫，灰色与黑色的大胆拼色，非常有创意，
猫咪的可爱图案让宝宝显得天真活泼。

喜庆红色套装

门前大桥下游过一群鸭，快来快来数一数二四六七八，给你的宝宝一套喜庆的小鸭子毛衣吧，配上可爱的帽子，既保暖又漂亮，唱着儿歌真快乐。

编织方法 P116

编织方法 P116

两穿高领衫

此款高领衫设计很有特点，前后可以换着穿，可以体验不同图案的神奇变幻。

编织方法
p115

北极熊套头衫

　　毛茸茸的北极熊非常可爱，在极北的世界里它们是王者，世代与白雪冰川相依，给你的宝宝讲讲那遥远的世界里，极昼和极夜的故事吧。

编织方法
p116

编织方法
P117

配色拼接毛衣

　　整件毛衣都是由色块组合而成的，比较吸引人的眼球。胸前的图案是阿拉伯数字"5"。

调皮老鹰图案毛衣

　　俏皮可爱的图案编织给单调的童装毛衣增色不少，似展翅欲飞的老鹰在蔚蓝的天空翱翔，相信是很多宝宝都喜欢的一款毛衣。

编织方法
P118

大嘴巴猴连体裤

此款连体裤让人看着就会有一种喜悦的感受，小猴敞开红红的嘴巴大笑，恰似小孩灿烂的笑颜。

编织方法
P119～120

欢乐米奇装

活泼搞笑的米奇总是能把人带回童话的世界，相信很多小朋友都会喜欢这样的米奇图案哦．

编织方法
P123

诱人樱桃装

此款毛衣从编织花样和嗽式上来说都是非常简单的，但是衣身编织的红色樱桃图案很是引人注目。

编织方法
P126～125

多种图案配色装

朵朵似白云一样的小花点缀在衣身中，显得灵气十足。乖巧可爱的兔子更是给人一种可爱俏皮的气息。

KITTY 彩虹衣

相信每一个爱美的女孩都喜欢可爱的HELLO KITTY，色彩斑斓的横条纹编织，形成了彩虹，带给人希望之感。

编织方法
P126

快乐海豚套头衫

　　蓝色的海洋是童话的摇篮，是梦幻的奇妙世界，波涛海浪，远远的海平面，阳光温暖，有海豚跳跃着歌唱。

编织方法
P127

兔子吃草图案毛衣

小兔子乖乖，是很多小朋友都爱唱的一首儿歌，这样的一件小兔子毛衣，相信很多小朋友都会喜欢的。

编织方法 p128

个性背心裙

　　蓝色的背心裙非常有个性哦，前面和后面都有燕尾似的细节，两幅涂鸦画非常可爱，配上一件打底衫下面穿上蓬蓬纱裙，要多Q有多Q。

编织方法
P129～130

田园风光开衫

黄色是温暖的阳光，舒适宜人，褐色是田园里的泥巴，松软清新，或红或绿色的树是宝宝梦幻的世界，在这个世界里麋鹿在大山的丛林里奔跑嬉戏。

编织方法
p131～132

编织方法

p133

彩色扣开衫

插肩袖的款式是当下童装毛衣里面最流行的样
式了,搭配不同颜色的纽扣,会让宝宝觉得异常的欣喜。

编织方法
p136

顽皮小象毛衣

大红的色彩总是能带给人一种无限的喜悦之情，
顽皮的小象更是为衣服增添了不少活力。

时尚小背心

　　同色系的深灰色与浅灰色相搭配的条纹编织，使得整件衣服与成人服饰的时尚潮流气息相呼应，小朋友穿着更显洋气。

编织方法
p135

玫红特色短袖

整件衣服款式非常的独特，在衣下摆处编织
的花朵相信更招妈妈们的喜欢，小朋友穿着
更是喜笑颜开。

卡通小背心

简单的背心款式，相信每一位新手妈妈
都可以动手试试，胸前的图案也可以按照个
人的喜好而随之变换。

编织方法
p137

HELLO KITTY 装

俏皮、美丽的 HELLO KITTY
相信每一个小女孩都会喜欢的，
织成小男孩的款式，也是很不
错的选择哦。

编织方法
p138

编织方法
p139~160

蜗牛怪兽毛衣

非常有创意的卡通图案，骷髅头的蜗牛像不像动画片里的大怪兽呢？都说每个小男孩都有一个超人梦，能将怪兽穿上身，宝宝可是无敌小勇士啊。

编织方法
P161

配色方块套头衫

　　衣身的主题是魔方似的配色方块，衣袖则是细条纹的配色，不同花样的配色营造很好的跳跃感，整件衣服非常活泼。

草帽图案毛衣

黄色的草帽能把人带到那个黄灿灿的丰收的季节。这样的小背心在春秋时节都很适合宝宝穿着。

编织方法
p162

编织方法
P163

公主套头衫

白色为主色，搭配浅蓝色和深蓝色，这样的一款毛衣
很适合皮肤白皙的小朋友穿着。

富贵唐装图案毛衣

这款毛衣是淘宝童装毛衣里面热卖的一款，富贵的图案吸引了不少妈妈们的追捧。

p166～165

小熊图案毛衣

胖嘟嘟的小熊让人忍不住想捏一捏，四
种颜色搭配更显活力，相信妈妈们也都想试
试的。

编织方法
P166

小女孩月亮装

弯弯的月亮上面有一个可爱的小孩，似乎能追溯到弯弯的月亮的那个年代，希望每个小朋友都有一个美丽的童年。

编织方法
P167

小兔子紫色裙装

上下两圈可爱的小兔子肯定是宝宝的最爱了，裙装穿起来非常可爱，宽松的款式毫不限制宝宝的活动，蹦蹦跳跳真可爱。

蓝色小清新装

天蓝色的色彩一直都是很多人最爱的颜色，
沁人心脾。蓬蓬袖的款式设计更添一股时尚
气息。

编织方法
P169

P/50

复古唐装套头衫

　　中国的传统唐装一直深受大家的喜爱，过年了穿一件大红的唐装既喜庆，又年味十足，给自己的宝宝也准备这么一件喜庆的唐装吧。

菱形配色套头衫

　　和前面一件衣服一样，采用了前后连接的配色编织法，整件衣服形成大大的菱形花样，很可爱哦。

编织方法
p151

P152

咖啡色连体裤

浓浓的咖啡色，偶尔出现星星点点的白色和蓝色，
让整件连体裤色彩不再那么的单调。

小脚丫图案毛衣

黄色的小脚丫是那么的生动活泼，映衬在浅蓝色的衣身中显得格外耀眼。

编织方法
P153

编织方法
p154～155

笑脸米奇装

米奇是伴着每一个小朋友长大的
最好玩伴。开心的笑颜让人永记于心，
久久不能忘怀。

米字图案装

红白镶嵌的米字图案似乎很有英伦风范，这样的一件长袖衫，宝宝穿着似乎更加的帅气。

编织方法
p156～157

插肩袖特色装

此款长袖装的最大特色在于背后似帽子的小球的编织，背后吊一个小球球，特别吸引人的眼球

编织方法
P158

精致小山羊装

此款毛衣编织稍显复杂，领子是双层的圆领设计，衣身还搭配了大口袋的设计，胸前小山羊的图案更是惟妙惟肖。

编织方法 p159

编织方法
p160

小狗图案毛衣

调皮、活泼的小狗狗总是那么惹人喜爱，这样的小狗
图案不论是绣上去的还是直接编织的丝毫都不会影响
小狗可爱的形象。

白色海豚图案毛衣

　　深蓝的基调，似乎就是大海深邃的眼眸，白色的海豚此刻是那么的耀眼，形成了一幅静谧的大海画面。

编织方法
p161～162

P163

蜗牛图案毛衣

两只蜗牛沿着自己的路线在慢慢地爬行，形成了平行线，这样的俏皮画面，相信很多小朋友都会喜欢的。

小树图案毛衣

青翠的树苗正在阳光下茁壮地成长着，就好比小朋友也正在快乐地成长一样。这样的连体裤给了小朋友从头到脚的保护。

编织方法
p164～165

编织方法 P/66

菱形花样毛衣

此款毛衣选择黑色与灰色搭配的线材，显得十分稳重，胸前一个一个的菱形花样排列得整齐有序。

复古小花毛衣

黑色为底纹，搭配红色的小花朵和绿色的树叶，使得整件毛衣拥有一股古典的气息。

编织方法
p167

俏皮猫咪套头衫

红色为底纹，更能衬出宝宝白净的肤色，胸前小花猫图案的编织俏皮而富有灵气，十分惹人喜爱。

编织方法
p168

大公鸡图案毛衣

一只雄赳赳气昂昂的大公鸡正昂首阔步的向前进，栩栩如生的画面是吸引人的主要原因。

编织方法
p169

猫和老鼠图案毛衣

童年的记忆里总是少不了那些动画片，相信很多小朋
友都是猫和老鼠的忠实粉丝了。

编织方法
p170

小蜻蜓连帽开衫

浅浅的灰色上搭配着绿色的
小蜻蜓很是惹眼，开衫的样式适
合宝宝穿戴，这样的一件开衫妈
妈们也可以动手试试。

编织方法
p171～172

迷你小屋毛衣

还记得办家家时候的小房子吗？这件毛衣上可谓是一
应俱全。远处的海鸥、灿烂的阳光，还有可爱的房子。

编织方法
P173

丑小鸭图案毛衣

其实说丑小鸭估计大家都会接受，丑小鸭与白天鹅的故事相信很多小朋友都会喜欢的。

编织方法
p176

多色猫咪毛衣

整件毛衣最大的亮点在于胸前四个猫咪脑袋，不同的
蝴蝶结给人色彩斑斓的视觉效果。

编织方法
P175

编织方法
p176

V领小背心

小小的V领，似乎让小孩子立刻时尚起来，搭配一件
小短裙，也是很不错的哦。

韩版玫红色毛衣

此款毛衣也是非常简单的款式，裙摆式的衣边是很多小女孩都喜欢的，搭配几朵花儿更加的惹人喜爱。

编织方法
P177

编织方法
P178

帅气配色男孩装

此款毛衣不论是作为打底衫还是外穿都会让小宝贝非常的帅气。肩部纽扣的设计方便穿戴。

创意条纹套头衫

这件条纹的套头衫一改普通的横竖条纹的配色方法，前后统一的三角形的配色形成逐渐减小的菱形，非常有创意。

编织方法 P179

红色复古装

鲜红的色彩搭配黑色的正方形，似乎很有一种古典的韵味。妈妈们也可以为自己的宝宝动手试试哦。

编织方法
p180

kitty 猫小背心

没有哪个小女孩能抵挡 hello kitty 的魅力，带着可爱发卡的小猫咪，迷倒了万千少女哦，你的宝贝怎么可以少呢？

编织方法
p181

蝴蝶花毛衣

硕大的蝴蝶花花样，吸引着每一个人的眼球，搭配一件小短裙也能穿出很时尚的感觉。

编织方法
P182～183

小鱼儿图案毛衣

栩栩如生的鱼儿在水里自由自在地游玩，活泼、好动、恰似儿童那天真无邪的笑脸。

编织方法
p186～185

淘气图案毛衣

调皮可爱的头像，总能
带给人一种无形的震惊之感，
金黄的色彩，更能衬托宝宝白
净的皮肤。

D186

青葱小开衫

【成品规格】 衣长31cm，袖长32cm

【工　　具】 12号棒针、环形针

【编织密度】 40针×44行=10cm²

【材　　料】 浅绿色羊毛线440g，
白色羊毛线80g

编织要点：

1.棒针编织法，前、后身片、袖片连织后再分别编织而成。
2.从领口开始编织。起针，下针起针法，起60针，第2行即将针数分片，前领各3针，后领30针，两袖山各12针，在袖山与身片分针处两侧同时加针，加2-1-31，共加31针，平加4针，前领加1-1-12，加12针。共织62行，至此连织总针数为372针，将连片以右前片、左前片、后片、袖片依次分开，加针处为袖窿线，2前片各54针，后领100针、左袖片82针、右袖片82针。再单独编织身片和袖片。
3.前后片的编织。将前后片用环形针连织，共208针，编织下针，织38行，第39行起编织花样B，织20行，分针后共织58行，至下边，第59行起编织花样C，织16行。收针断线。
4.袖片的编织。分针后环织袖片，全部下针，袖缝两侧同时减针，减10-1-5，织34行后，编织花样B，织20行，分针织54行后至袖边，编织花样，织46行，收针断线。相同的方法再编织另一边袖片。
5.衣领的编织。沿着前后衣领边，挑出130针，编织下针，织30行，换白色线织2行后收针断线。衣服完成。衣襟的编织，沿着两边衣襟边、领边，各挑90针，起织花样C，不加减针，织10行的高度后，收针断线，右衣襟制作5个扣眼。左衣襟钉上5枚扣子。衣服完成。

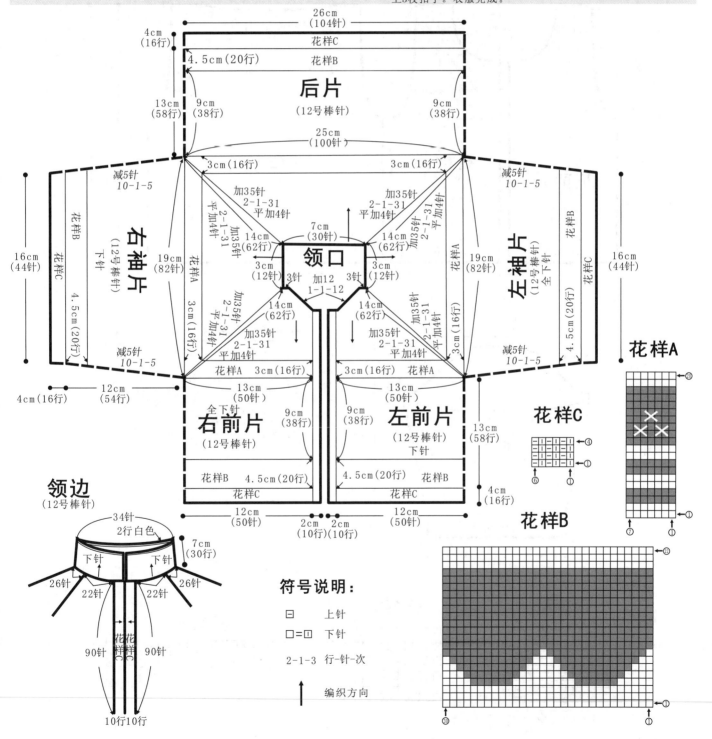

花样A

花样C

花样B

领边
（12号棒针）

符号说明：

☐　　上针

☐=☐　下针

2-1-3　行-针-次

↑　　编织方向

89

各色图案小开衫

【成品规格】衣长33cm，半胸围30cm，
肩宽23.5cm，袖长25cm

【工　　具】13号棒针，十字绣针

【编织密度】30针×38行=10cm²

【材　　料】白色棉线350g，红色棉线
20g，彩色十字绣线若干

编织要点：

1.棒针编织法，衣身起分为左前片、右前片、后片来编织。
2.起织后片，单罗纹针起针法，红色线起90针织花样A，织2行后，改为白色线编织，织至12行，改织花样B，织至14行，第15行每隔2针织第1针红色线，第16行起改为全白色线编织，织至72行，两侧开始袖窿减针，方法为1-4-1，2-1-6，织至119行，中间留起34针不织，两侧减针，方法为2-1-2，织至122行，两侧肩部各余下16针，收针断线。
3.起织左前片，单罗纹针起针法，红色线起42针织花样A，织2行后，改为白色线编织，织至12行，改织花样B，织至72行，左侧开始袖窿减针，方法为1-4-1，2-1-6，织至93行，右侧前领减针，方法为1-6-1，2-2-3，2-1-4，织至122行，肩部余下16针，收针断线。
4.同样的方法相反方向编织右前片。将左右前片与后片的两肩部对应缝合。
5.平针绣方式在左右前片图示位置绣图案a，十字绣方式绣图案b、c、d、e。

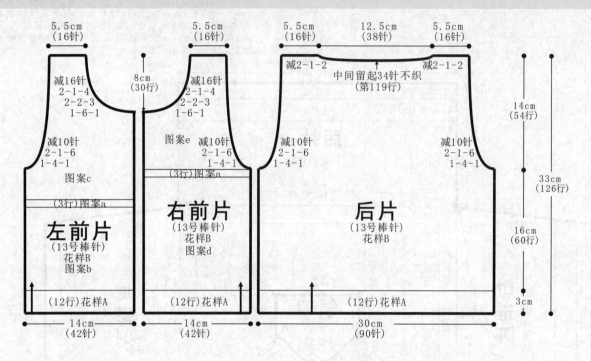

5.5cm (16针)　　5.5cm (16针)　　5.5cm (16针)　12.5cm (38针)　5.5cm (16针)

减2-1-2　　　　减2-1-2

中间留起34针不织（第119行）

减16针 2-1-4 2-2-3 1-6-1　8cm (30行)　减16针 2-1-4 2-2-3 1-6-1

减10针 2-1-6 1-4-1　图案e　减10针 2-1-6 1-4-1　减10针 2-1-6 1-4-1　减10针 2-1-6 1-4-1

14cm (54行)

图案c　（3行）图案a

（3行）图案a

左前片
(13号棒针)
花样B
图案b

右前片
(13号棒针)
花样B
图案d

后片
(13号棒针)
花样B

33cm (126行)

16cm (60行)

（12行）花样A　（12行）花样A　（12行）花样A

3cm

14cm (42针)　14cm (42针)　30cm (90针)

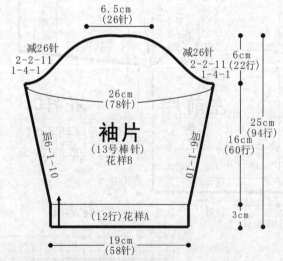

6.5cm (26针)

减26针 2-2-11 1-4-1　　减26针 2-2-11 1-4-1

6cm (22行)

26cm (78针)

袖片
(13号棒针)
花样B

加6-1-10　加6-1-10

25cm (94行)

16cm (60行)

（12行）花样A

3cm

19cm (58针)

袖片制作说明

1.棒针编织法，编织两片袖片。从袖口起织。
2.单罗纹针起针法，红色线起58针织花样A，织2行后，改为白色线编织，织至12行，改织花样B，两侧一边织一边加针，方法为6-1-10，织至14行，第15行每隔2针织1针红色线，第16行起改为全白色线编织，织至72行。接着减针编织袖山，两侧同时减针，方法为1-4-1，2-2-11，两侧各减少26针，织至94行，织片余下26针，收针断线。
3.同样的方法再编织另一袖片。
4.缝合方法:将袖山对应前片与后片的袖窿线，用线缝合，再将两袖侧缝对应缝合。

花样A

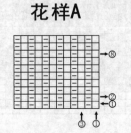

花样B

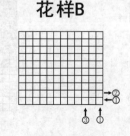

图案a

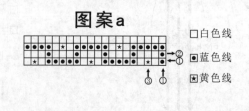

□白色线

☑蓝色线

★黄色线

领片/衣襟制作说明 ✎

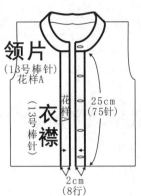

领片
(13号棒针)
花样A

衣襟
(13号棒针)

花样

25cm
(75针)

2cm
(8行)

1.棒针编织法，一片编织完成。

2.先编织衣襟，沿左右前片衣襟侧分别挑针起织，白色线挑起75针编织花样A，织6行后，改为红色线编织，织至8行，收针断线。注意在右侧衣襟均匀制作4个扣眼，方法是在一行收起2针，在下一行重起这2针，形成一个眼。

3.挑织衣领，衣领是在衣襟编织完成后挑针起织，挑起90针编织花样A，织6行后，改为红色线编织，织至8行，收针断线。

符号说明：

☐   上针

□=⊡   下针

2-1-3   行-针-次

↑   编织方向

图案c

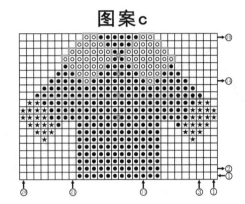

图案e

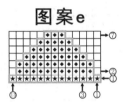

图案d

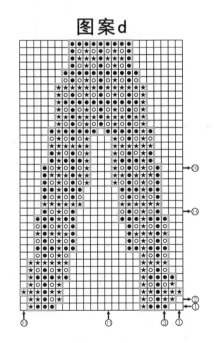

图案b

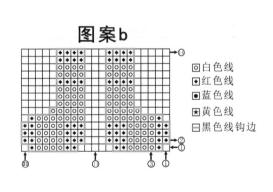

⊡ 白色线
◆ 红色线
● 蓝色线
★ 黄色线
☐ 黑色线钩边

小熊仔配色毛衣

【成品规格】衣长35cm，胸宽30cm，袖长34cm

【工　　具】11号棒针

【编织密度】31针×38行=10cm²

【材　　料】蓝色羊毛线320g，白色羊毛线240g，咖啡色羊毛线50g，红色、黄色羊毛线各10g

编织要点:

1.棒针编织法，前、后身片、袖片分别编织而成。

2.前片的编织。一片织成。起针，白色线起88针，织花样A，织2行，第3行换蓝色线继续织花样A，共织16行，第17行起加针至92针，然后织下针，织2行，第3行起，编织花样B，从第33行起换织花样C，织50行，下针共织58行的高度，至袖隆。袖隆起减针，两边同时减6针，然后2-1-26，两边各减少32针，继续织下针，织成袖隆算起40行的高度时，中间平收16针不织，两边相反方向减针，减2-1-4，然后不加减针再织4行，收针断线。

3.后片的编织。起针与前片相同，下针第33行起织花样D，下针共织58行后，开始袖隆减针，减针方法与前片相同，后衣领减针织至24针时，收针断线。

4.袖片的编织。从袖山起织，下针起针法，起16针，下针织40行后配线织花样E。两侧同时加针，加2-1-28，平加6针，两边各加34针，袖壮加至84针，袖山织56行后开始袖片减针。两袖侧缝上同时减针，减8-1-3，4-1-8，两边各减少11针，织58行至袖口，袖口收针至48针，织花样A袖口边，织14行，收针断线，相同的方法再编织另一边袖片。

5.拼接，将前片的侧缝与后片的侧缝、前后片肩部与袖片对应缝合。

6.衣领的编织。沿着前后衣领边，挑出126针，编织花样A，织10行后，收针断线。衣服完成。

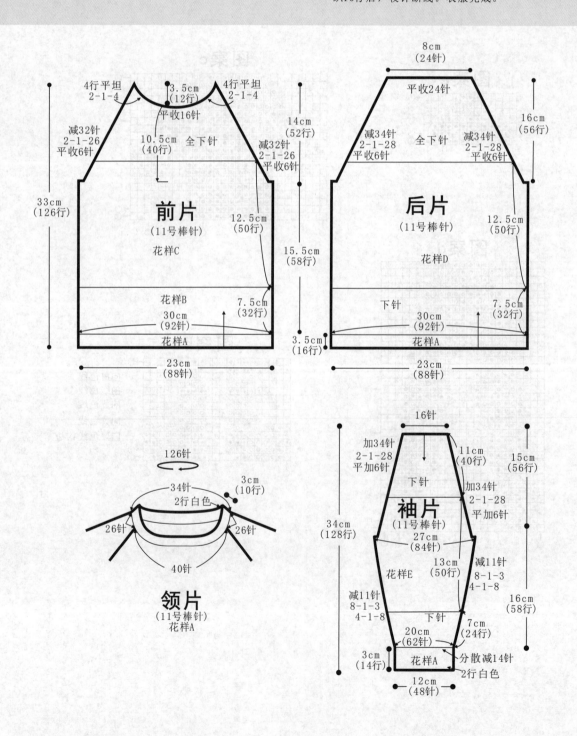

前片（11号棒针）花样C 花样B 花样A
4行平坦 2-1-4
3.5cm（12针）
平收16针
减32针 2-1-26 平收6针
10.5cm（40行）全下针
减32针 2-1-26 平收6针
33cm（126行）
12.5cm（50行）
7.5cm（32行）
30cm（92针）
23cm（88针）

后片（11号棒针）花样D 下针 花样A
8cm（24针）平收24针
减34针 2-1-28 平收6针
全下针
减34针 2-1-28 平收6针
16cm（56行）
12.5cm（50行）
15.5cm（58行）
14cm（52行）
7.5cm（32行）
30cm（92针）
3.5cm（16行）
23cm（88针）

领片（11号棒针）花样A
126针
34针 3cm（10行）2行白色
26针 26针
40针

袖片（11号棒针）花样E 下针 花样A
16针
加34针 2-1-28 平加6针
11cm（40行）
15cm（56行）
加34针 2-1-28 平加6针
27cm（84针）
13cm（50行）
减11针 8-1-3 4-1-8
减11针 8-1-3 4-1-8
34cm（128行）
16cm（58行）
20cm（62针）
7cm（24行）
3cm（14行）
分散减14针
2行白色
12cm（48针）

符号说明：

□ 　上针

□=□ 下针

2-1-3 行-针-次

↑ 编织方向

花样D

花样E

花样B

花样A

图示说明：

□=蓝色

□=白色

■=红色

□=黄色

■=咖啡色

花样C

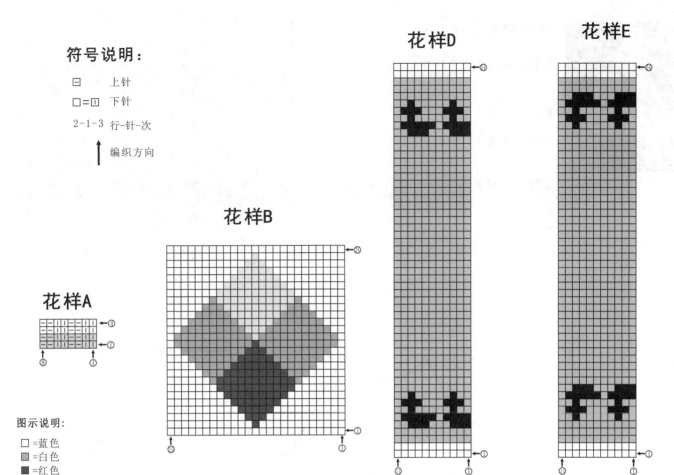

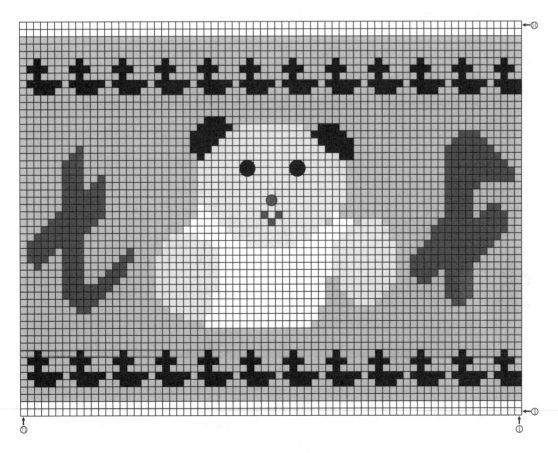

玩耍鸭套头衫

【成品规格】衣长31cm，胸宽25cm，袖长31cm

【工　　具】12号棒针

【编织密度】36针×42行=10cm²

【材　　料】绿色羊毛线420g，橘红色羊毛线60g，蓝色、石赫色、黄色羊毛线各5g

编织要点：

1.棒针编织法，袖窿以下环织而成，袖窿以上分成前片、后片各自编织。

2.袖窿以下的编织。双罗纹起针法，起176针，织花样A，织14行。第15行起织下针，织8针后，前片和后片各88针，前片中间位置58针编织花样B，后片编织下针。不加减针，编织68行的高度。至袖窿。

3.袖窿以上的编织。分成前片和后片。
(1)前片的编织。前片88针，两侧袖窿同时减针，两边相反方向减针，收6针，然后减针，2-1-24，当织成袖窿算起32的高度时，进入前衣领减针，下一行收针20针，减2-1-4，不加减针，再织8针后，收针断线。
(2)后片的编织。后片88针，两侧袖窿同时减针，方法与前片相同，减2-1-26，至肩部，余下24针，收针断线。

4.袖片的编织。从袖口起织，起48针，起织花样A，织12行，最后一行分散加10针，加成58针。下一行起，编织下针，并在两袖侧缝上进行加针，加8-1-8，织成68行，至袖山减针，两侧同时收针，收6针，然后2-1-26，两边各减少32针，余下10针，收针断线，相同的方法再编织另一边袖片。

5.拼接，将前片、后片肩部与袖片对应缝合。

6.衣领的编织。沿着前后衣领边，挑出126针，编织花样A，织10行后，收针断线。衣服完成。

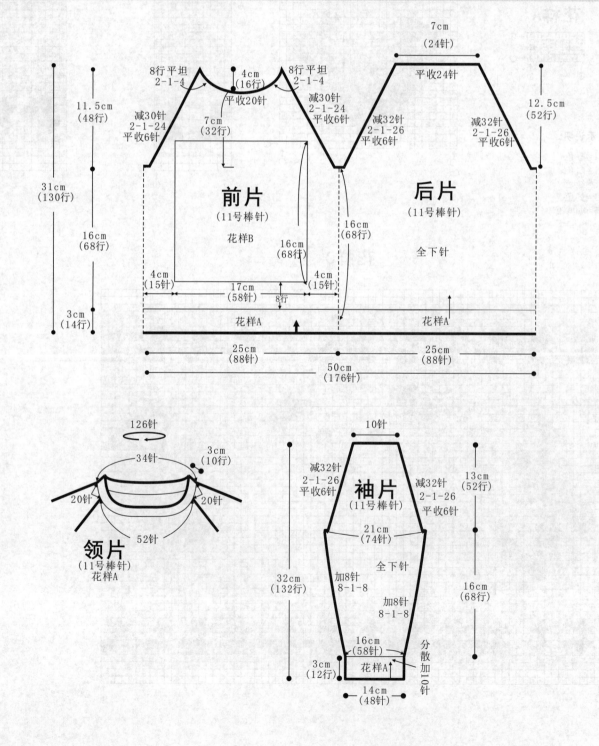

前片
(11号棒针)
花样B

后片
(11号棒针)
全下针

袖片
(11号棒针)
全下针

领片
(11号棒针)
花样A

符号说明:

日　　　上针

□=□　　下针

2-1-3　行-针-次

↑　编织方向

花样A

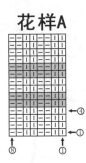

花样C

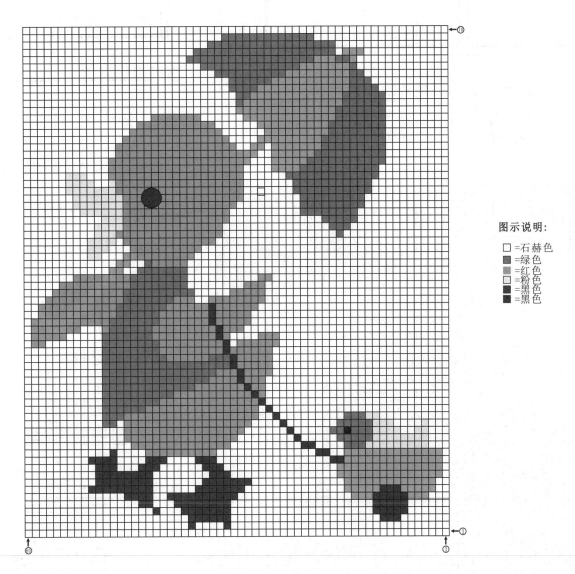

图示说明:

□=石赫色
▨=绿色
▨=红色色
□=粉色色
▨=黑黑色
■=黑色

美眉兔毛衣

【成品规格】衣长29cm，半胸围28cm，肩宽23.5cm，袖长26cm

【工　　具】13号棒针

【编织密度】30针×40行=10cm²

【材　　料】炭色棉线150g，橙色棉线250g，灰色棉线50g，红色、黑色棉线少量

编织要点：

1.棒针编织法，衣身起分为前片、后片来编织。
2.起织后片，双罗纹针起针法，灰色线起84针织花样A，织12行后，改为织花样B，织至28行，改为橙色线编织，织至60行，两侧开始袖窿减针，方法为1-4-1，2-1-4，织至113行，中间留起32针不织，两侧减针，方法为2-1-2，织至116行，两侧肩部各余下16针，收针断线。
3.起织前片，双罗纹针起针法，灰色线起84针织花样A，织12行后，改为织花样B，织至28行，改为橙色线编织，织至60行，两侧开始袖窿减针，方法为1-4-1，2-1-4，织至95行，中间留起14针不织，两侧减针，方法为2-2-3，2-1-5，织至116行，两侧肩部各余下16针，收针断线。
4.将左右前片两侧缝合，再将两肩缝缝合。
5.前片中央平针绣图案a。

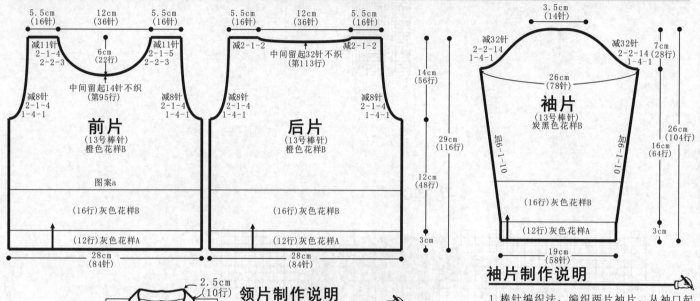

前片
（13号棒针）
橙色花样B

图案a

（16行）灰色花样B

（12行）灰色花样A

28cm（84针）

后片
（13号棒针）
橙色花样B

（16行）灰色花样B

（12行）灰色花样A

28cm（84针）

5.5cm（16针）　12cm（36针）　5.5cm（16针）

减11针 2-1-4 2-2-3
6cm（22行）
减8针 2-1-4 1-4-1
中间留起14针不织（第95行）

减2-1-2
中间留起32针不织（第113行）
减8针 2-1-4 1-4-1

14cm（56行）
29cm（116行）
12cm（48行）
3cm

袖片
（13号棒针）
炭黑色花样B

3.5cm（14针）

减32针 2-2-14 1-4-1
26cm（78针）
减32针 2-2-14 1-4-1

7cm（28行）

加6-1-10

（16行）灰色花样B
（12行）灰色花样A

19cm（58针）

26cm（104行）
16cm（64行）
3cm

袖片制作说明

1.棒针编织法，编织两片袖片。从袖口起织。
2.灰色线起58针，织花样A，织12行后，改织花样B，两侧一边织一边加针，方法为6-1-10，织至28行，改为橙色线编织，织至76行。接着减针编织袖山，两侧同时减针，方法为1-4-1，2-2-14，两侧各减少32针，织至104行，织片余下14针，收针断线。
3.同样的方法再编织另一袖片。
4.缝合方法：将袖山对应前片与后片的袖窿线，用线缝合，再将两袖侧缝对应缝合。

领片

2.5cm（10行）

领片
（13号棒针）
花样A

领片制作说明

领片沿领口挑针起织。炭黑色线起78针，织花样A，织10后，双罗纹针收针法收针断线。

图案a

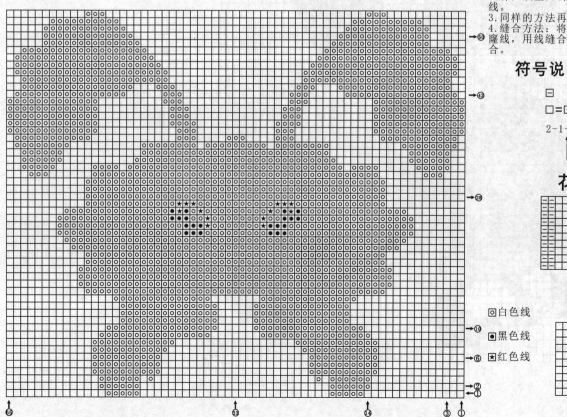

符号说明：

| □ | 上针 |
| □=□ | 下针 |

2-1-3　行-针-次

↑　编织方向

花样A

花样B

☑白色线
◉黑色线
★红色线

阳光儿童套头衫

【成品规格】衣长40cm，胸宽30cm，袖长38cm

【工　　具】12号棒针

【编织密度】34针×40行=10cm²

【材　　料】灰色羊毛线480g，红色羊毛线75g，蓝色羊毛线75g，黑色羊毛线20g

编织要点：

1. 棒针编织法，前、后身片、袖片分别编织而成。
2. 前片的编织。一片织成。起针，黑色线起96针，织花样A，织16行，第17行起换灰色线织下针，织20行，第17行起中间64针位置编织起花样B，织90行，下针织84行的高度，至袖窿。袖窿起减针，两边同时减6针，然后2-1-30，两边各减少36针，继续编织下针，织成袖窿算起48行的高度时，中间平收14针，两边相反方向减针，减2-1-5，再织2行后，余下1针，收针断线。
3. 后片的编织。起针与前片相同，全织灰色下针，不织图案，下针共织84行，开始袖窿减针，减针与前片相同，后衣领减针织至24针时，收针断线。
4. 袖片的编织。从袖山起针，下针起针法，红色线起24针，两侧同时加针，加2-1-30，平加6针，两边各加36针，袖壮加至96针，袖山织60行后开始袖片减针。两袖侧缝上同时减针，不加减针，织16行后减针，减4-1-15，两边各减少15针，织76行至袖口，袖口余66针，换黑色线织花样A袖口边，织16行，收针断线，相同的方法用蓝色线再编织另一边袖片。
5. 拼接，将前片的侧缝与后片的侧缝，前后片肩部与袖片对应缝合。
6. 衣领的编织。沿着前后片衣领边，黑色线挑出148针，编织花样A，织20行后，收针断线，向内对折沿挑针边缝为双层领边。衣服完成。

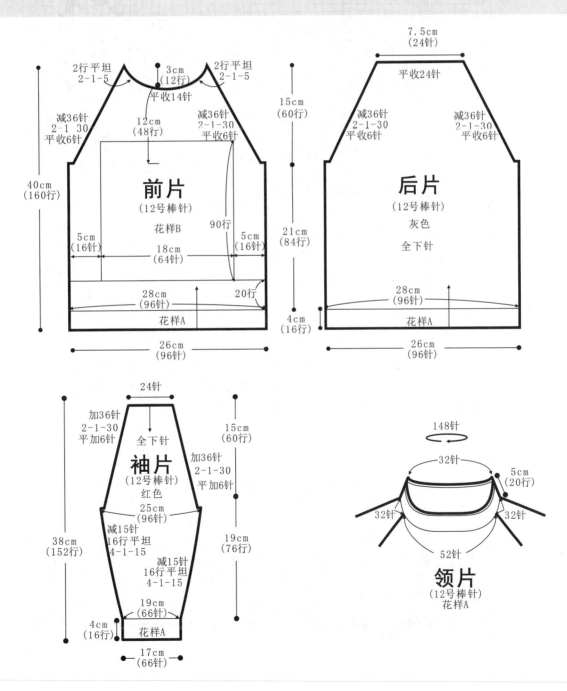

符号说明：

☐　　上针

☐=☐　下针

2-1-3 行-针-次

↑　　编织方向

花样A

花样B

图示说明：

☐=灰色
■=红色

神奇奥特曼装

【成品规格】衣长32cm，胸宽23cm，
袖长30cm

【工　　具】12号棒针

【编织密度】30针×40行=10cm²

【材　　料】灰色羊毛线460g，棕色
羊毛线70g，黑色、黄
色羊毛线各5g

编织要点：

1. 棒针编织法，前、后身片、袖片分别编织而成。
2. 前片的编织。一片织成。起针，棕色线起88针，织花样A，织12行后，换灰色线编织下针，织6行，第7行起中间位置48针处开始编织花样B，织61行，下针共织68行的高度，至袖隆。袖隆起减针，两边同时减6针，然后2-1-24，两边各减少30针，继续编织下针，织成袖隆算起38行的高度时，中间平收16针不织，两边相反方向减针，减2-1-4，然后不加减针再织2行，收针断线。
3. 后片的编织。起针与前片相同，全织灰色下针，不织图案，下针共织68行，开始袖隆减针，减针与前片相同，后衣领减针至28针时，收针断线。
4. 袖片的编织。从袖山起织，下针起针法，起12针，两侧同时加针，加2-1-24，平加6针，两边各加30针，袖壮加至72针，下针织30行，第31行起编织花样C。袖山织48行后开始袖片减针。两袖侧缝上同时减针，减6-1-10，两边各减少10针，织60行至袖口，袖口收针至42针，换棕色线编织花样A袖口边，织12行，收针断线，相同的方法再编织另一边袖片。
5. 拼接。将前片的侧缝与后片的侧缝，前后片肩部与袖片对应缝合。
6. 衣领的编织。沿着前后衣领边，棕色线挑出126针，编织花样A，织10行后。收针断线。衣服完成。

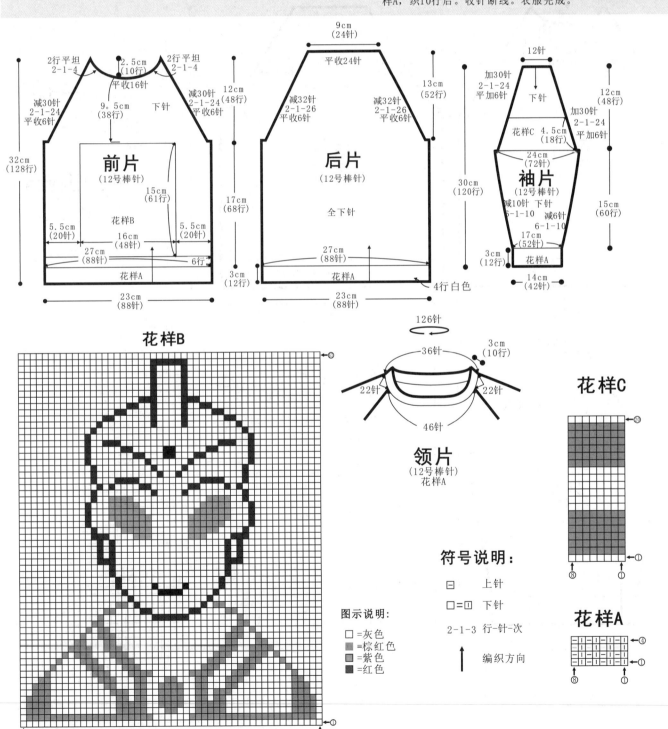

灿烂笑脸毛衣

【成品规格】 衣长42cm，半胸围33cm，肩连袖长42cm

【工　　具】 13号棒针

【编织密度】 40针×50行=10cm²

【材　　料】 红色棉线250g，白色棉线100g，黑色棉线100g

编织要点：

1.棒针编织法，衣身片分为前片和后片，分别编织，完成后与袖片缝合而成。

2.起织后片，黑色线起132针，织花样A，织28行，改为红色线织花样B，织至136行，第137行织片左右两侧各收4针，然后减针织成插肩袖窿，方法为4-2-18，织至212行，织片余下52针，用防解别针扣起，留待编织衣领。

3.起织前片，前片编织方法与后片相同，织至198行，第199行起，织片中间留起18针不织，两侧减针织成前领，方法为2-2-7，织至212行，两侧各余下3针，用防解别针扣起，留待编织衣领。

4.将前片与后片的侧缝缝合，前片及后片的插肩缝对应袖片的插肩缝缝合。

5.前片中央位置，平绣图案a。

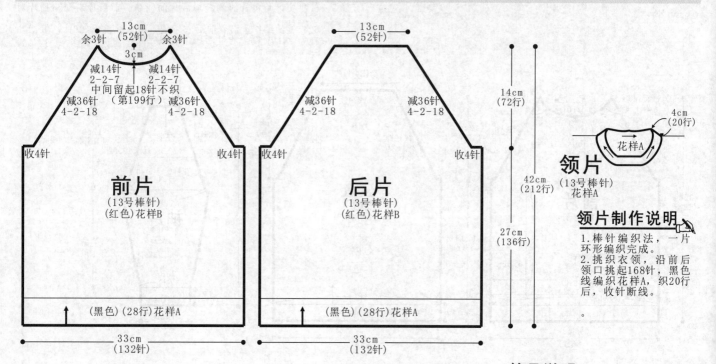

前片 (13号棒针)(红色)花样B

余3针　13cm（52针）　余3针

3cm

减14针 2-2-7　减14针 2-2-7

中间留起18针不织 （第199行）

减36针 4-2-18　减36针 4-2-18

收4针　　收4针

（黑色）（28行）花样A

33cm（132针）

后片 (13号棒针)(红色)花样B

13cm（52针）

减36针 4-2-18　减36针 4-2-18

收4针　　收4针

（黑色）（28行）花样A

33cm（132针）

14cm（72行）

42cm（212行）

27cm（136行）

领片 (13号棒针)花样A

4cm（20行）

花样A

领片制作说明

1.棒针编织法，一片环形编织完成。

2.挑织衣领，沿前后领口挑起168针，黑色线编织花样A，织20行后，收针断线。

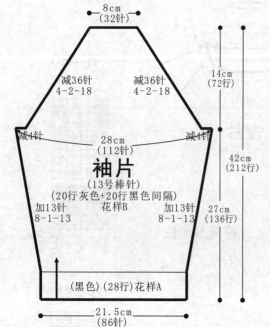

袖片 (13号棒针)(20行灰色+20行黑色间隔)花样B

8cm（32针）

减36针 4-2-18　减36针 4-2-18

28cm（112针）

减4针　　减4针

加13针 8-1-13　加13针 8-1-13

（黑色）（28行）花样A

21.5cm（86针）

14cm（72行）

42cm（212行）

27cm（136行）

袖片制作说明

1.棒针编织法，编织两片袖片。从袖口起织。

2.双罗纹针起针法，黑色线起86针，织花样A，织28行后，改为20行灰色与20行黑色间隔编织花样B，一边织一边两侧加针，方法为8-1-13，织至136行，两侧各收针4针，接着两侧减针编织插肩袖山。方法为4-2-18，织至212行，织片余下32针，收针断线。

3.同样的方法编织左袖片。

4.将两袖侧缝对应缝合。

符号说明：

▢　上针

▢=▣　下针

2-1-3　行-针-次

↑　编织方向

花样A

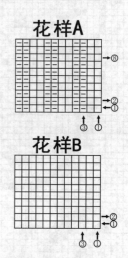

花样B

图案a

回 白色
回 黑色
◆ 大红色

爱心熊套头衫

【成品规格】衣长34cm，胸宽23cm，袖长35cm

【工　　具】11号棒针

【编织密度】31针×38行=10cm²

【材　　料】石赫色羊毛线320g，咖啡色羊毛线80g，绿色羊毛线20g，红色羊毛线10g，粉色、黑色羊毛线各3g

编织要点：

1.棒针编织法，前、后身片、袖片分别编织而成。

2.前片的编织。一片织成。起针，咖啡色起88针，织花样A，织16行，第17行起加至96针，然后织花样B，织18行，第19行起，全织石褐色下针，织4行，然后中间70针位置开始配色织花样C，织71行。下针共织74行的高度，至袖隆。袖隆起减针，两边同时减7针，然后2-1-27，两边各减少34针，继续编织下针，织成袖隆算起38行的高度时，中间平收14针不织，两边相反方向减针，减2-1-5，然后不加减针再织6行，收针断线。

3.后片的编织。起针与前片相同，第19行起织石褐色下针，不织图案，下针共织74行，开始袖隆减针，减针与前片相同，后衣领减针至24针时，收针断线。

4.袖片的编织。从袖山起织，下针起针法，石褐色线起14针，织下针，两侧同时加针，加2-1-28，平加7针，两边各加35针，袖壮加至84针，袖山织56行后开始袖片减针。两袖侧缝上同时减针，减6-1-11，两边各减少11针，减针织52行后，织花样B，织18行至袖口，袖口收针至48针，织花样A袖口边，织14行，收针断线，相同的方法再编织另一边袖片。

5.拼接，将前片的侧缝与后片的侧缝、前后片肩部与袖片对应缝合。

6.衣领的编织。沿着前后衣领边，咖啡色线挑出126针，编织花样A，织10行后，收针断线。衣服完成。

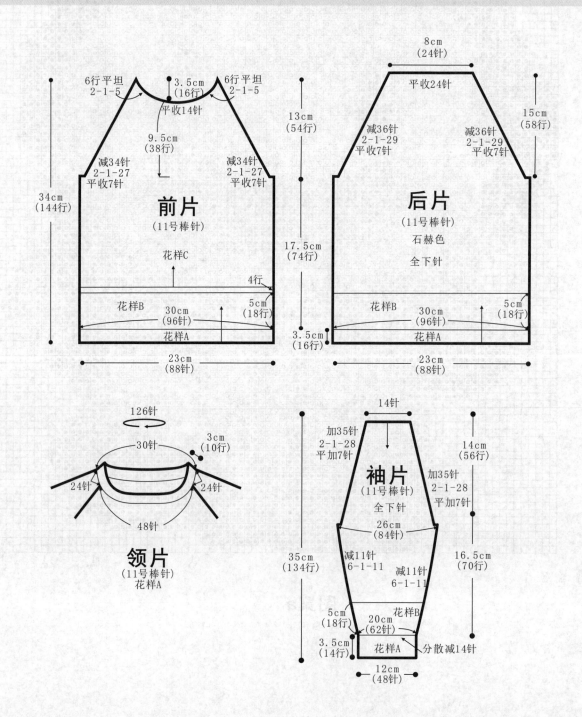

前片
（11号棒针）

6行平坦 2-1-5
3.5cm（16行）
6行平坦 2-1-5
平收14针
9.5cm（38行）
减34针 2-1-27 平收7针
减34针 2-1-27 平收7针
34cm（144行）
花样C
4行
花样B
30cm（96针）
5cm（18行）
花样A
23cm（88针）

后片
（11号棒针）
石赫色
全下针

8cm（24针）
平收24针
13cm（54行）
减36针 2-1-29 平收7针
减36针 2-1-29 平收7针
15cm（58行）
17.5cm（74行）
3.5cm（16行）
花样B
30cm（96针）
5cm（18行）
花样A
23cm（88针）

领片
（11号棒针）
花样A

126针
30针
3cm（10行）
24针
24针
48针

袖片
（11号棒针）
全下针

14针
加35针 2-1-28 平加7针
加35针 2-1-28 平加7针
14cm（56行）
26cm（84针）
35cm（134行）
减11针 6-1-11
减11针 6-1-11
16.5cm（70行）
5cm（18行）
20cm（62针）
花样B
3.5cm（14行）
花样A
分散减14针
12cm（48针）

102

符号说明：

□　　上针

□=□　下针

2-1-3　行-针-次

↑　编织方向

花样A

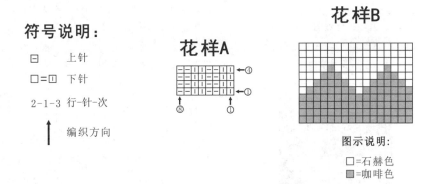

花样B

图示说明：

□=石赫色
▨=咖啡色

花样C

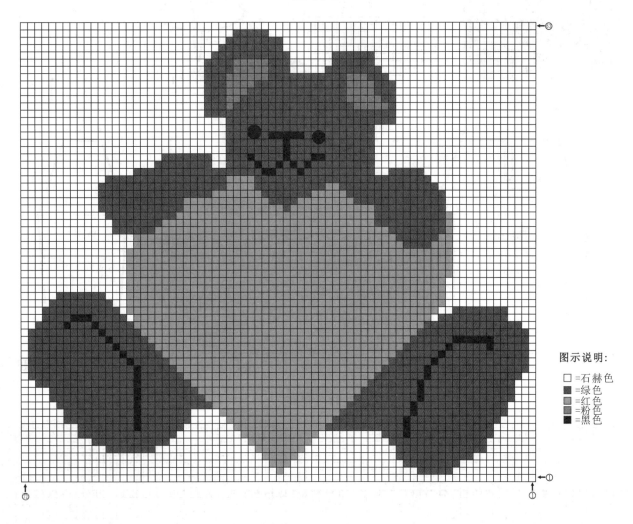

图示说明：

□=石赫色
■=绿色
▨=红色
▨=粉色
■=黑色

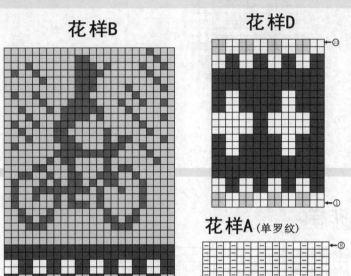

配色字母套头衫

【成品规格】 衣长32cm，胸宽26cm，肩宽13cm，袖长32cm

【工　　具】 12号棒针

【编织密度】 46针×54行=10cm²

【材　　料】 灰色圆棉线400g，白线，黑线，红线若干

编织要点：

1.棒针编织法，由前片1片、后片1片、袖片2片、领片1片组成。从下往上织起。

2.前片的编织。一片织成。用灰色线起针，单罗纹起针法，起119针，起织花样A，编织22行后，用红、白、黑色线交错编织花样B，不加减针，织成34行，换成灰色线，不加减针，织成49行(后绣上花样C)至袖窿。袖窿两侧起减针，2-1-34，同时换成黑、白色线编织花样D，织成23行后，又换成灰色线编织14行，中间平收3针，不加减针进行领边编织，织成31行，两侧各余24针，收针断线。

3.后片的编织。一片织成。用灰色线起针，单罗纹起针法，起119针，起织花样A，编织22行后，用红、白、黑色线交错编织花样B，不加减针，织成34行，换成灰色线，不加减针，织成49行至袖窿。袖窿改织花样D图案，并在两侧起减针，2-1-34，织成23行后，改用灰色线编织下针，袖窿起织成68行，余51针，收针断线。

4.袖片的编织。一片织成。用灰色线起针，单罗纹起针法，起72针，起织花样A，编织22行后，两边侧缝加针，10-1-8，3行平坦，织成83行至袖窿。袖窿两侧起减针，2-1-34，同时换黑、白线编织花样D，织成23行后，又换回灰色线编织，织成45行，余20针，收针断线。相同的方法去编织另一袖片。

5.领边内衬层的编织。一片织成，用灰色线起针，起10针，不加减针，用下针编织31行，收针断线。

6.拼接，将前片的侧缝与后片的侧缝和肩部对应缝合。将两袖片的袖山边线与衣身的袖窿边对应缝合。再将领边内衬层与前片左侧领边对应缝合。

7.领片的编织，沿着前领边挑54针，后领边挑48针，编织单罗纹针，织16行，预留2个扣眼，收针断线。

8。前片49行处用平针绣的方法，绣上花样C图案，对应扣眼的另侧领边钉上2枚纽扣，衣服完成。

花样B

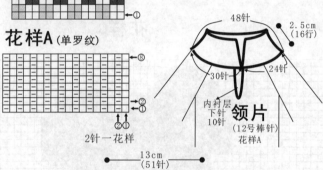

花样D

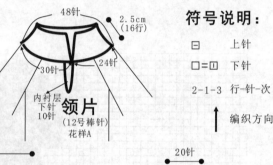

花样A(单罗纹)

2针一花样

领片

48针　2.5cm(16行)
30针
24针
内衬层下针10针
领片(12号棒针)
花样A

符号说明：

□　　上针

□=□　下针

2-1-3　行-针-次

↑　编织方向

前片

13cm(51针)
24针　24针
减34针 2-1-34　　减34针 2-1-34
灰色线
31行
3针 14行
花样D图案　23行
前片(12号棒针)
灰色线
花样C图案　49行
全下针　花样B图案　34行
花样A(单罗纹)
32cm(173行)
13cm(68行)
16cm(83行)
3cm(22行)
26cm(119针)

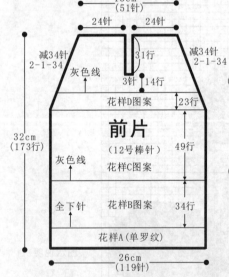

后片

13cm(51针)
减34针 2-1-34　　减34针 2-1-34
灰色线
花样D图案　23行
后片(12号棒针)
灰色线
全下针　花样B图案　34行
花样A(单罗纹)
32cm(173行)
16cm(83行)
3cm(22行)
26cm(119针)

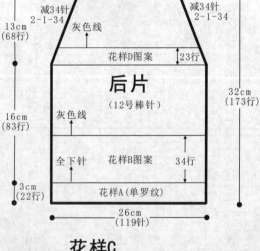

袖片

20针
减34针 2-1-34　　减34针 2-1-34
花样D图案　23行
19cm(88针)
加8针 3行平坦 10-1-8　　加8针 3行平坦 10-1-8
全下针
花样A
16cm(72针)
袖片(12号棒针)
13cm(68行)
16cm(83行)
3cm(22行)

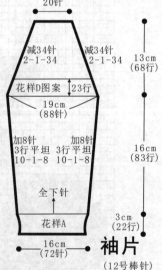

花样C

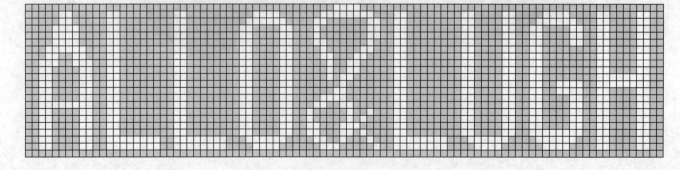

捣药小兔装

【成品规格】衣长36cm，胸宽36cm，袖长34cm

【工　　具】12号棒针

【编织密度】32针×42行＝10cm²

【材　　料】灰色毛线600g，白色毛线20g，咖啡色、黑灰色、黄色毛线各10g

编织要点：

1. 棒针编织法，由前片、后片、袖片编织而成，从下往上织起。

2. 前片的编织。一片织成。起针，下针起针法，起116针，织花样A，织8行。下一行起织下针，织12行，第13行起中间位置72针处配色编织花样B，共织70行。共织88行的高度，至袖窿。袖窿起减针，两边同时减针，平收8针，减2-1-4，两边各减少12针。完成减针后编织花样C并在麻花针处收针，每个麻花收掉2针，共收22针，花样C编织至肩部。开始前领减针，织成袖窿算起28行的高度时，中间平收22针，两边相反方向减针，减2-1-8，两边各余下16针，不加减针，再织8行的高度后，收针断线。

3. 后片的编织。后片编织方法与前片完全相同，袖窿减针也与前片相同，减针不加减针织至后领高度，进行后衣领减针，中间留34针不织，两边相反方向减针，减2-1-2，两边各余下16针，收针断线。

4. 袖片的编织。从袖山起织，下针起针法，起20针，全织下针，两侧同时加针，加2-2-1、2-1-16、2-2-1，平加8针，两边各加28针，袖壮加至76针，袖山织38行后开始袖片减针。两袖侧缝上同时减针，减8-1-10，两边各减少10针，袖片织88行至袖口，袖口收针至50针，织花样D袖口边，织14行，收针断线，相同的方法再编织另一边袖片。

5. 拼接，将前片的侧缝与后片的侧缝和肩部对应缝合。

6. 最后沿着前后衣领边，挑出132针，编织花样D，织10行，收针断线。衣服完成。

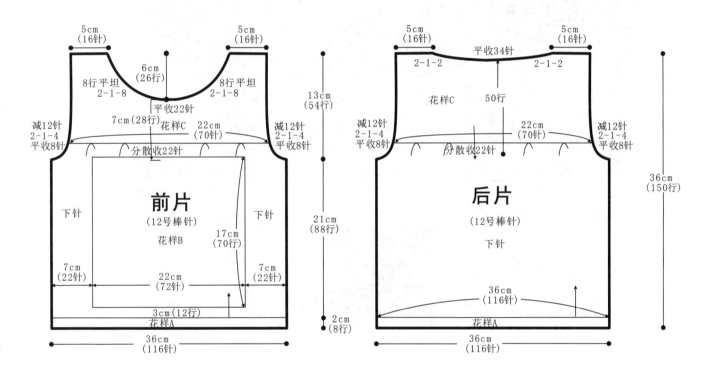

前片
（12号棒针）
花样B
下针

5cm（16针）　5cm（16针）
6cm（26行）
8行平坦　2-1-8　　2-1-8　8行平坦
平收22针
7cm（28行）花样C　22cm（70针）
减12针　2-1-4　平收8针
分散收22针
13cm（54行）
21cm（88行）
17cm（70行）
7cm（22针）　22cm（72针）　7cm（22针）
3cm（12行）
花样A
2cm（8行）
36cm（116针）

后片
（12号棒针）
下针

5cm（16针）　5cm（16针）
平收34针
2-1-2　　2-1-2
花样C　50行
减12针　2-1-4　平收8针　22cm（70针）
分散收22针
36cm（150行）
36cm（116针）
花样A
36cm（116针）

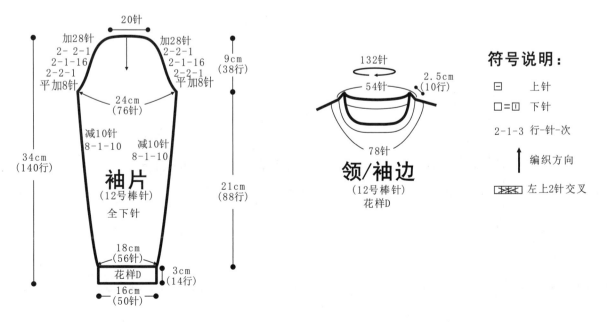

袖片
（12号棒针）
全下针

20针
加28针　2-2-1　2-1-16　2-2-1　平加8针　　加28针　2-2-1　2-1-16　2-2-1　平加8针
9cm（38行）
24cm（76针）
减10针　8-1-10　　减10针　8-1-10
34cm（140行）
21cm（88行）
18cm（56针）
花样D　3cm（14行）
16cm（50针）

领/袖边
（12号棒针）
花样D

132针
54针　2.5cm（10行）
78针

符号说明：

□　上针

□＝① 下针

2-1-3　行-针-次

↑　编织方向

左上2针交叉

花样B

图示说明：

□=灰色　　■=白色　　■=黄色　　■=咖啡色　　■=黑灰色

花样C

花样A

花样D

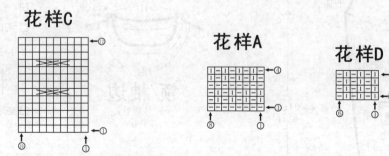

艳丽娃娃装

【成品规格】 衣长36cm，胸宽32cm，袖长30cm

【工　具】 12号棒针

【编织密度】 下针:26针×34行=10cm²
花样:26针×48行=10cm²

【材　料】 天蓝色羊毛线480g，白色毛线60g

编织要点:
1.棒针编织法，前、后身片整片编织，袖片环织而成。
2.从领口开始起织。起针，单罗纹针起针法，起72针，织12行花样a，4针前衣襟边随身片一起编织，第13行开始编织花样A 织62行，第63行将针数分片，两前片各36针，两袖片各54针，后片72针，至此围肩编织完成。
3.前后片的编织。两前片各46针、后片72针连接编织，连接处每侧各6针，编织下针，衣襟边按原来花样编织，右衣襟制作5个扣眼，不加减针共织68行，第69行起织花样B，织12行，收针断线。
4.袖片的编织。从袖山分针处环织，全部下针编织，袖隆各加6针，两侧不加减针织56行，下一行起织花样B，织12行，收针断线，相同的方法再编织另一边袖片。
5.衣领的编织。沿着前后衣领边，挑出90针，编织下针，织14行后，沿整个领口挑织花样B，织12行。收针断线。
6.左衣襟钉上5枚扣子。衣服完成。

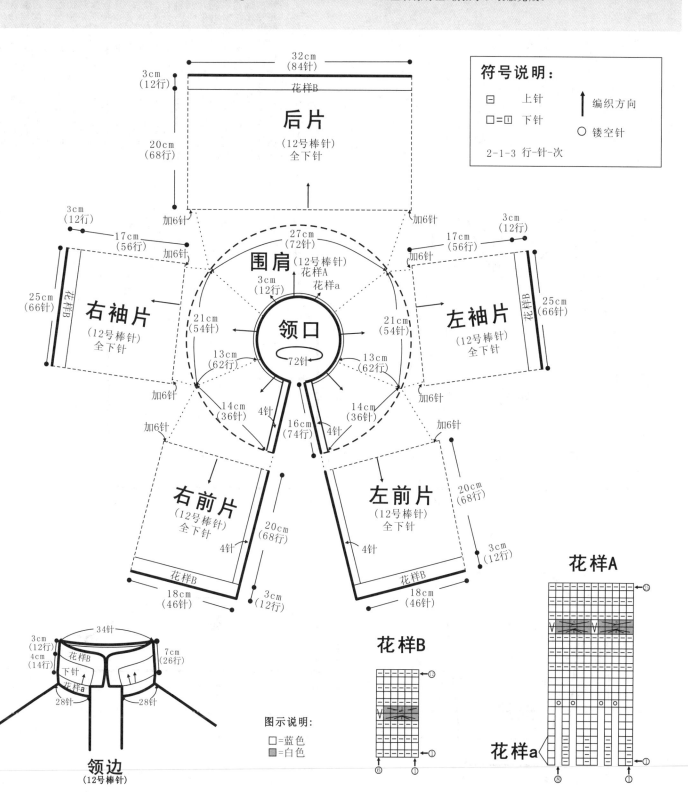

符号说明:
□　上针
□=□　下针
↑　编织方向
○　镂空针

2-1-3 行-针-次

32cm
(84针)
3cm
(12行)
花样B
后片
(12号棒针)
全下针
20cm
(68行)

3cm
(12行)
加6针
17cm
(56行)
加6针
右袖片
(12号棒针)
全下针
花样B
25cm
(66针)

围肩(12号棒针)
花样A
27cm
(72针)
3cm
(12行)
花样a
21cm
(54针)
领口
72针
13cm
(62行)
14cm
(36针)
4针
16cm
(74行)

加6针
17cm
(56行)
加6针
3cm
(12行)
左袖片
(12号棒针)
全下针
花样B
25cm
(66针)

21cm
(54针)
13cm
(62行)
14cm
(36针)
4针

加6针
右前片
(12号棒针)
全下针
4针
20cm
(68行)
花样B
18cm
(46针)
3cm
(12行)

加6针
左前片
(12号棒针)
全下针
4针
20cm
(68行)
3cm
(12行)
花样B
18cm
(46针)

花样A

花样B

花样a

3cm
(12行)
4cm
(14行)
34针
花样B
下针
花样a
28针
7cm
(26行)
28针

图示说明:
□=蓝色
■=白色

领边
(12号棒针)

帅气长袖衫

【成品规格】 衣长45cm，胸宽35cm，袖长40cm

【工　具】 8号棒针

【编织密度】 24针×29行=10cm²

【材　料】 深灰色棉绒线200g，浅灰色和白色线各100g

编织要点：

1. 棒针编织法，由前片1片、后片1片、袖片2片组成。从下往上织起。配色编织。

2. 前片的编织。用深灰色线，起78针，起织花样A，不加减针，编织22行的高度，在最后一行里，分散加针5针，针数达到83针，下一行起，依照花样B配色编织，织30行，然后再根据花样C配色编织，织28行后，至袖窿，袖窿起减针，两侧收针4针，然后2-1-3，织成18行花样C后，改织花样D，再织6行后，至前衣领减针，下一行中间收针13针，两边减针，2-1-10，不加减针，再织12行后，至肩部，余下18针，收针断线。花样D编织21行后，余下的行数用深灰色线编织下针至肩部。

3. 后片的编织。袖窿以下的编织与前片完全相同，袖窿减针，方法与前片完全相同，当织成袖窿算起52行的高度时，下一行中间收针29针，两侧减针，2-1-2，织成4行后，两肩部余下18针，收针断线。

4. 袖片的编织。袖片从袖口起织，双罗纹起针法，用深灰色线，起44针，编织花样A，下一行起，依照结构图分配的花样进行配色编织，两边袖侧缝进行加针，6-1-9，不加减针，再织4行后，至袖窿，袖窿起减针，两边收针4针，2 1-17，各减21针，织成34行，余下20针，收针断线。相同的方法去编织另一只袖片。

5. 拼接，将前片的侧缝与后片的侧缝对应缝合，将前后片的肩部对应缝合，再将两袖片的袖山边线与衣身的袖窿边对应缝合，最后将袖侧缝缝合。

6. 领片的编织，单独编织，再将之与衣领边缝合。起13针，起织花样F搓板针，一侧加针，一侧不加针，加针方法是2-1-18，织成56行后，不加减针，再织72行后，加针同侧进行减针，2-1-28，余下13针，收针断线。将不加针的这侧和起针收针侧边，与衣身的前后衣领边进行缝合。起针侧与收针侧边重叠与前衣领收针处缝合。衣服完成。

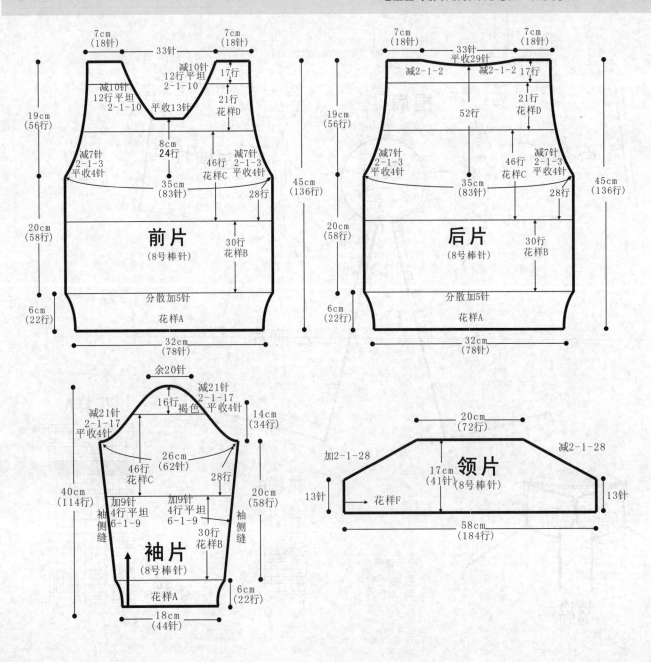

108

花样A

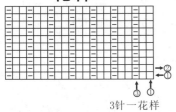

3针一花样

花样B

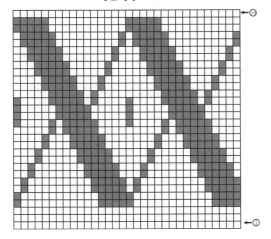

花样C

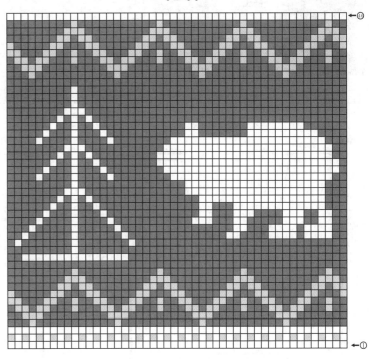

花样D

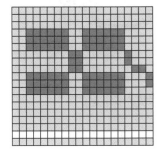

花样E

花样F（搓板针）

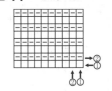

符号说明：

□ — 上针

□=□ 下针

2-1-3 行-针-次

↑ 编织方向

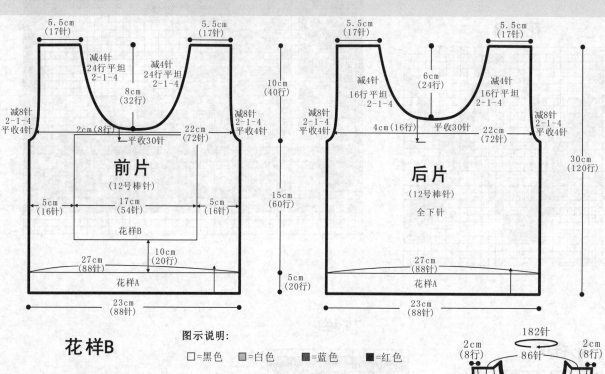

黑色小背心

【成品规格】 衣长30cm，胸宽23cm

【工　　具】 12号棒针

【编织密度】 32针×40行=10cm²

【材　　料】 黑色毛线300g，
白色毛线20g，
红色、蓝色毛线各3g

编织要点：

1.棒针编织法，由前片、后片编织而成，从下往上织起。

2.前片的编织。一片织成。起针，单罗纹起针法，起88针，配色织花样A，织20行。下一行起织下针，织20行，第21行起，中间54针位置处编织花样B 织52行。下针共织60行的高度，至袖窿。袖窿起减针，两边同时减针，平收4针，减2-1-4，两边各减少8针。前领减针，织成袖窿算起8行的高度时，中间平收30针，两边相反方向减针，减2-1-4，两边各余下17针，不加减针，再织24行的高度后，收针断线。

3.后片的编织。后片编织方法与前片相同，不织图案，袖窿减针也与前片相同，后领减针，织成袖窿算起16行的高度时，中间平收30针，两边相反方向减针，减2-1-4，两边各余下17针，不加减针，再织24行的高度后，收针断线。

4.拼接，将前片的侧缝与后片的侧缝和肩部对应缝合。

5.最后沿着前后衣领边，黑色线挑出182针，不配色编织花样A，织8行，收针断线。同样，每侧袖口挑出110针，编织花样A，织8行，编织方法同领片，收针断线。衣服完成。

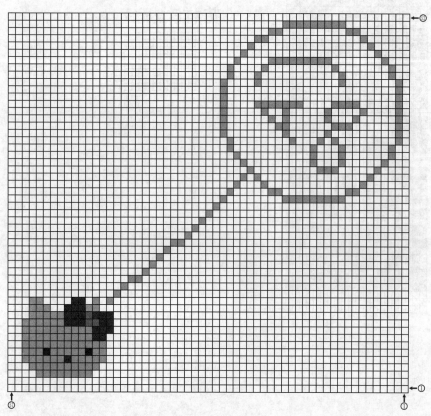

花样B

图示说明：
□=黑色　■=白色　■=蓝色　■=红色

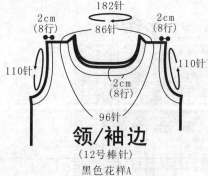

领/袖边
（12号棒针）
黑色花样A

符号说明：

□　　上针

□=□　下针

2-1-3　行-针-次

↑　　编织方向

花样A

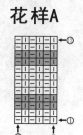

俏皮长颈鹿

【成品规格】 衣长33cm，胸宽23cm，袖长34cm

【工　　具】 11号棒针

【编织密度】 30针×40行=10cm²

【材　　料】 蓝色羊毛线310g，黄色羊毛线310g，咖啡色金丝毛线10g，黑色羊毛线5g，白色、红色羊毛线各2g

编织要点：

1. 棒针编织法，前、后身片、袖片分别编织而成。
2. 前片的编织。一片织成。起针，起88针，配色织花样A，织16行，第17行起织下针，织16行，第17行起花样B，织22行，下针织66行的高度，至袖隆。袖隆起减针，两边同时减4针，然后2-1-26 两边各减少30针，继续编织下针，织成袖隆算起40行的高度时，中间平收20针不织，两边相反方向减针，减2-1-4，然后不加减针再织4行，收针断线。
3. 后片的编织。起针与前片相同，全织蓝色下针，不织图案，下针共织66行，开始袖隆减针，减针与前片相同，后衣领减针至22针时，收针断线。
4. 袖片的编织。从袖山起织，下针起针法，黄色线起18针，两侧同时加针，加2-1-28，平加4针，两边各加32针，袖壮加至82针，袖山织56行后开始袖片减针。两袖侧缝上同时减针，减6-1-10 两边各减少10针，织66行至袖口，袖口收针，至48针，配色织花样A袖口边，织12行，收针断线，相同的方法再编织另一边袖片。
5. 拼接，将前片的侧缝与后片的侧缝，前后片肩部与袖片对应缝合。
6. 衣领的编织。沿着前后衣领边，挑出126针，编织花样A，织10行后，收针断线。衣服完成。

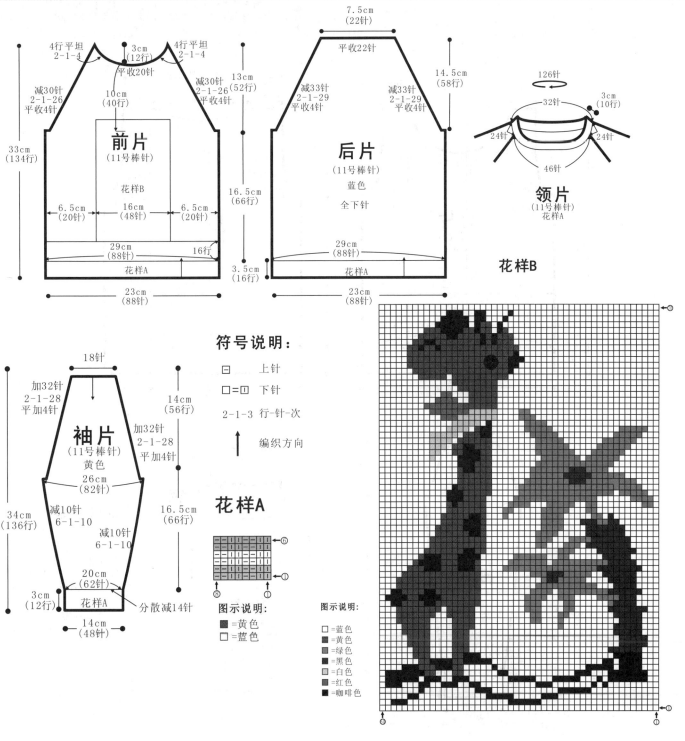

前片
（11号棒针）
花样B

4行平坦 2-1-4　3cm（12针）　4行平坦 2-1-4
平收20针
减30针 2-1-26 平收4针　10cm（40行）　减30针 2-1-26 平收4针
13cm（52行）
33cm（134行）
6.5cm（20针）　16cm（48针）　6.5cm（20针）
16.5cm（66行）
29cm（88针）　16行
花样A
3.5cm（16行）
23cm（88针）

后片
（11号棒针）
蓝色
全下针

7.5cm（22针）
平收22针
减33针 2-1-29 平收4针　减33针 2-1-29 平收4针
14.5cm（58行）
29cm（88针）
花样A
23cm（88针）

袖片
（11号棒针）
黄色

18针
加32针 2-1-28 平加4针　14cm（56行）
加32针 2-1-28 平加4针
26cm（82针）
减10针 6-1-10　16.5cm（66行）
减10针 6-1-10
34cm（136行）
20cm（62针）
3cm（12行）　花样A　分散减14针
14cm（48针）

领片
（11号棒针）
花样A

126针
32针　3cm（10行）
24针　24针
46针

花样B

符号说明：

□　上针
□=回　下针
2-1-3　行-针-次
↑　编织方向

花样A

图示说明：

■=黄色
□=蓝色

图示说明：

□=蓝色
■=黄色
■=绿色
■=黑色
□=白色
■=红色
■=咖啡色

拼色猫咪套头衫

【成品规格】 衣长32cm，胸宽31cm，
肩宽22cm，袖长29cm

【工 具】 12号棒针

【编织密度】 30针×44行＝10cm²

【材 料】 灰色羊毛线340g，黑色
羊毛线320g

编织要点：

1.棒针编织法，前、后身片、袖片分别编织而成。

2.前片的编织。一片织成。起针，黑色起88针，起织花样A
织1行，第2行起加灰色线配织，编织16行下针，然后，从第
17行起，从起针处挑针并针编织，将衣摆变成双层衣摆。然
后两侧继续全部编织下针，中间22针编织花样A 两侧不加减
针，下针共织70行的高度，至袖隆。袖隆起减针，两边同时
减4针，然后2-1-6 两边各减少10针，继续编织，织成袖隆
算起30行的高度时，中间平收22针不织，两边相反方向减
针，减2-1-8，两边各余下15针，不加减针，再织14行的高度
后，收针断线。

3.后片的编织。黑色线编织，起针与前片相同，共织70行，
袖隆减针与前片相同，当织成袖隆算起56行的高度时，进行
后衣领减针，中间留34针不织，两边相反方向减针，减2-2-
1，织成2行，两边各下15针，收针断线。

4.袖片的编织。从袖口起针，单罗纹起针法，灰色线起56
针，织花样B，织14行，在最后一行里，分散加4针，加成60
针。下一行起换黑色线织下针，加为60针，并在两袖侧缝上
进行加针，8-1-9，织成74行，至袖山减针，两侧同时收针，
收4针，然后2-2-5 2-1-14，两边各减少29针，余下20针，
收针断线，相同的方法再编织另一边袖片。

5.拼接，将前片的侧缝与后片的侧缝和肩部及袖片对应缝
合。

6.衣领的编织。沿着前后衣领边，灰色线挑出106针，编织花
样B，织12行后，收针断线。缝好花样B中的点缀线。衣服完
成。

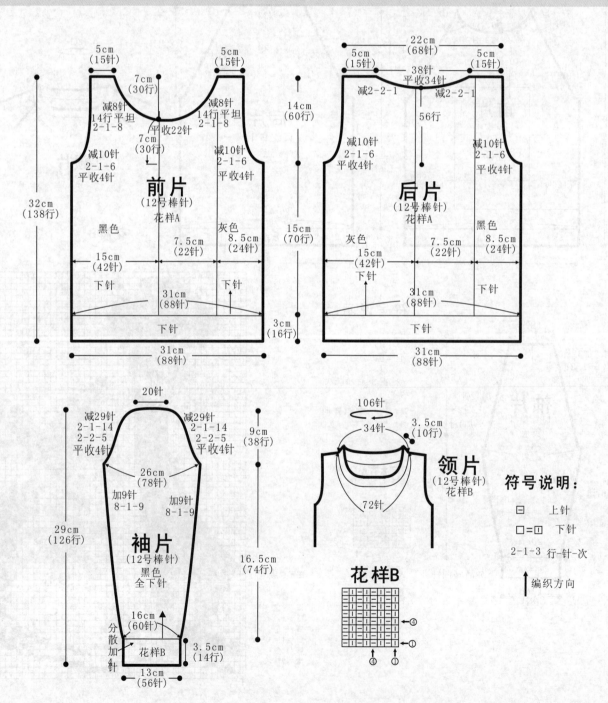

前片
(12号棒针)
花样A

后片
(12号棒针)
花样A

袖片
(12号棒针)
黑色
全下针

领片
(12号棒针)
花样B

符号说明：

□ 上针

□＝☐ 下针

2-1-3 行-针-次

↑ 编织方向

花样B

花样A

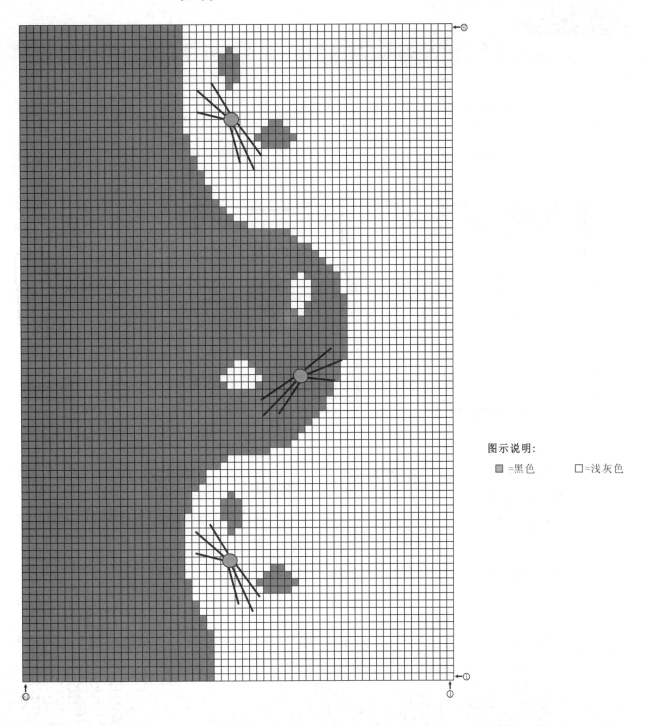

图示说明:

■ =黑色　　□=浅灰色

喜庆红色套装

【成品规格】衣长37cm，胸宽36cm，袖长30cm

【工　　具】12号棒针

【编织密度】30针×38行=10cm²

【材　　料】红色毛线560g，白色毛线50g　咖啡色、灰色、绿色、黄色毛线各10g

编织要点：

1.棒针编织法，由前片、后片、袖片编织而成，从下往上织起。

2.前片的编织。一片织成。起针，下针起针法，起110针，织花样A，织8行。下一行起织下针，织4行，第5行起配色编织花样B，共织34行。完成后继续下针编织，共织82行的高度，至袖窿。袖窿起减针，两边同时减针，平收6针，减2-1-8，两边各减少14针。完成减针后编织花样C并在麻花针处收针，每个麻花收掉2针，共收14针，花样C编织至肩部，开始前领减针，织成袖窿算起26行的高度时，中间平收20针，两边相反方向减针，减2-1-8，两边各余下16针，不加减针，再织8行的高度后，收针断线。

3.后片的编织。后片编织方法与前片完全相同，袖窿减针也与前片相同，减针后不加减针织至后领高度，进行后衣领减针，中间留34针不织，两边相反方向减针，减2-1-2，两边各余下16针，收针断线。

4.袖片的编织。从袖山起织，下针起针法，起26针，全织下针，两侧同时加针，加2-1-14　2-2-1，平收6针，两边各加22针，袖壮加至70针，袖山织30行后开始袖片减针。两袖侧缝上同时减针，减8-1-8，两边各减少8针，袖片织72行至袖口，袖口收针至48针，织花样D袖口边，织12行，收针断线，相同的方法再编织另一边袖片。

5.拼接，将前片的侧缝与后片的侧缝和肩部对应缝合。

6.最后沿着前后衣领边，挑出122针，编织花样D，织10行，收针断线。衣服完成。

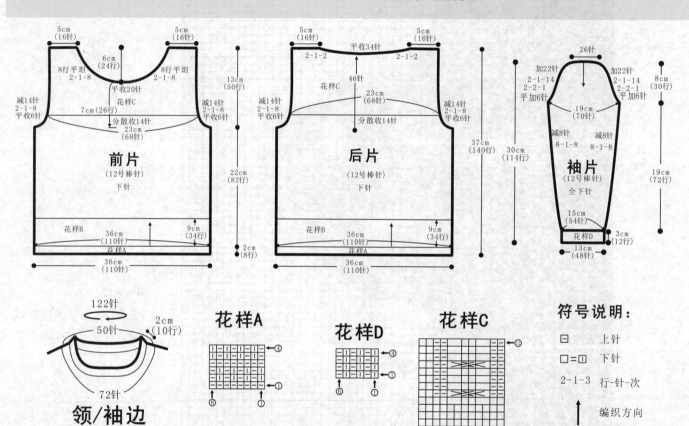

前片
（12号棒针）
下针

5cm（16针）　5cm（16针）
6cm（24行）
8行平坦 2-1-8　8行平坦 2-1-8
平收20针
花样C
减14针 2-1-8 平收6针
7cm（26针）
分散收14针
23cm（68针）
13cm（50行）
22cm（82行）
花样B
36cm（110针）
花样A
9cm（34行）
2cm（8行）
36cm（110针）

后片
（12号棒针）
下针

5cm（16针）　5cm（16针）
2-1-2　平收34针　2-1-2
46针
花样C
23cm（68针）
减14针 2-1-8 平收6针
分散收14针
37cm（140行）
30cm（114行）
花样B
36cm（110针）
花样A
9cm（34行）
2cm
36cm（110针）

袖片
（12号棒针）
全下针

26针
加22针 2-1-14 2-2-1 平加6针　加22针 2-1-14 2-2-1 平加6针
8cm（30行）
19cm（70针）
减8针 8-1-8　减8针 8-1-8
19cm（72行）
15cm（54针）
花样D
3cm（12行）
13cm（48针）

领/袖边
（12号棒针）
花样D

122针
50针
2cm（10行）
72针

花样A

花样D

花样C

符号说明：
□　上针
□=□　下针
2-1-3　行-针-次
↑　编织方向
左上2针交叉

花样B

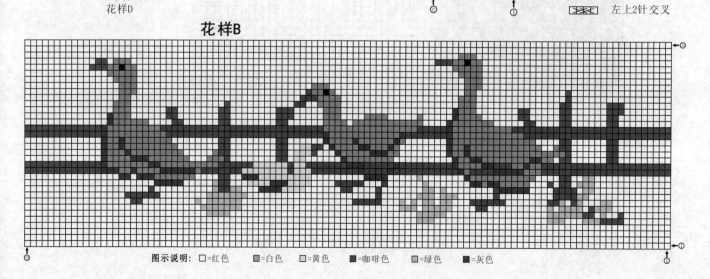

图示说明：□=红色　■=白色　□=黄色　■=咖啡色　■=绿色　■=灰色

114

两穿高领衫

【成品规格】 衣长34cm,半胸围33cm,肩连袖长38cm

【工　　具】 13号棒针

【编织密度】 30.5针×43.6行=10cm²

【材　　料】 白色棉线450g 黄色、红色、咖啡色棉线各20g,黑色棉线10g

编织要点:

1. 棒针编织法,衣身分为前片和后片,分别编织,完成后与袖片缝合而成。
2. 起织后片,起100针,织花样A,织10行后,改织花样B,织至94行,第95行织片左右两侧各收4针,然后减针织成插肩袖窿,方法为2-1-27,织至148行,织片余下38针,用防解别针扣起,留待编织衣领。
3. 同样的方法编织前片。
4. 将前片与后片的侧缝缝合,前片及后片的插肩缝对应袖片的插肩缝缝合。
5. 前片中央位置,平绣图案a。

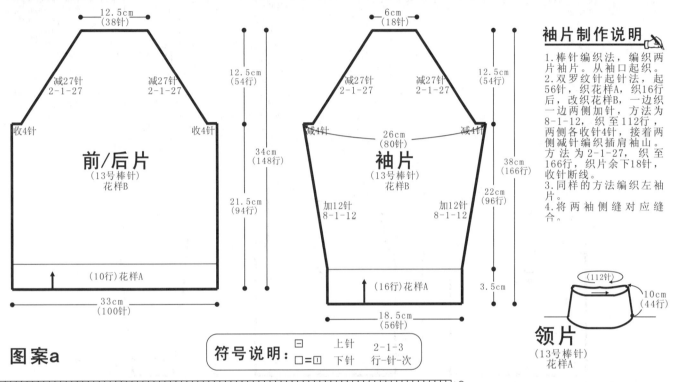

12.5cm
(38针)

12.5cm
(54行)

减27针
2-1-27　　　减27针
2-1-27

收4针　　　　　收4针

前/后片
(13号棒针)
花样B

34cm
(148行)

21.5cm
(94行)

(10行)花样A

33cm
(100针)

6cm
(18针)

减27针
2-1-27　　减27针
2-1-27

减4针　　　　　减4针

26cm
(80针)

袖片
(13号棒针)
花样B

12.5cm
(54行)

38cm
(166行)

22cm
(96行)

加12针
8-1-12　　加12针
8-1-12

(16行)花样A

3.5cm

18.5cm
(56针)

袖片制作说明

1. 棒针编织法,编织两片袖片。从袖口起织。
2. 双罗纹针起针法,起56针,织花样A,织16行后,改织花样B,一边织一边两侧加针,方法为8-1-12,织至112行,两侧各收4针,接着两侧减针编织插肩袖山。方法为2-1-27,织至166行,织片余下18针,收针断线。
3. 同样的方法编织左袖片。
4. 将两袖侧缝对应缝合。

(112针)

10cm
(44行)

领片
(13号棒针)
花样A

领片制作说明

1. 棒针编织法,一片环形编织完成。
2. 挑织衣领,沿前后领口挑起112针,织花样A,织44行后,收针断线。

图案a

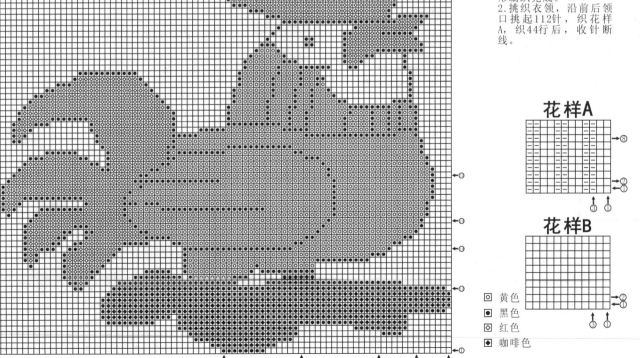

符号说明: □　上针　　2-1-3
□=囗　下针　　行-针-次

花样A

花样B

◨ 黄色

■ 黑色

⊠ 红色

⊡ 咖啡色

北极熊套头衫

【成品规格】 衣长33cm，胸宽23cm，袖长26cm

【工　　具】 12号棒针

【编织密度】 31针×44行＝10cm²

【材　　料】 浅蓝色羊毛线360g，灰色羊毛线160g　白色羊毛线30g

编织要点：

1. 棒针编织法，前、后身片、袖片分别编织而成。
2. 前片的编织。一片织成。起针，灰色线起86针，起织花样A织14行，第15行起编织下针，织8行，从第9行起中间位置62针处配色编织花样B 织74行，两侧不加减针，灰色织30行后，第31行换浅蓝色线继续编织，下针织74行的高度，至袖隆。袖隆起减针，两边同时减4针，然后2-1-4，两边各减少8针，继续编织，织成袖隆算起34行的高度时，中间平收18针不织，两边相反方向减针，减2-1-10，两边各余下16针，然后不加减针，再织6行的高度后，收针断线。
3. 后片的编织。起针及编织方法与前片完全相同，不织图案，下针织74行后袖隆减针，减针也与前片相同，当织成袖隆算起54行的高度时，进行后衣领减针，中间留34针不织，两边相反方向减针，减2-2-1，织行2行，两边各余下16针，收针断线。
4. 袖片的编织。从袖山起织，下针起针法，浅色线起20针，全织下针，两侧同时加针，加2-1-16 2-2-2，平加4针，两边各加24针，袖壮加至68针，袖山织36行后开始袖片减针。两袖侧缝上同时减针，减6-1-10，两边各减少10针。袖片织64行至袖口，袖口收针至48针，换灰色线编织花样A 织14行，收针断线，相同的方法再编织另一边袖片。
5. 围巾及帽片的编织。围巾：浅蓝色织下针，起6针，编织花样C 织88行，收针断线，完成2片。帽片：浅蓝色起12针，织花样C，织14行，收针断线。
6. 拼接，将前片的侧缝与后片的侧缝和肩部及袖片对应缝合。将2条围巾打结后与熊脖缝合，将帽片沿熊头顶缝合。
7. 衣领的编织。沿着前后衣领边，灰色线挑出106针，编织花样A，织10行，收针断线。衣服完成。

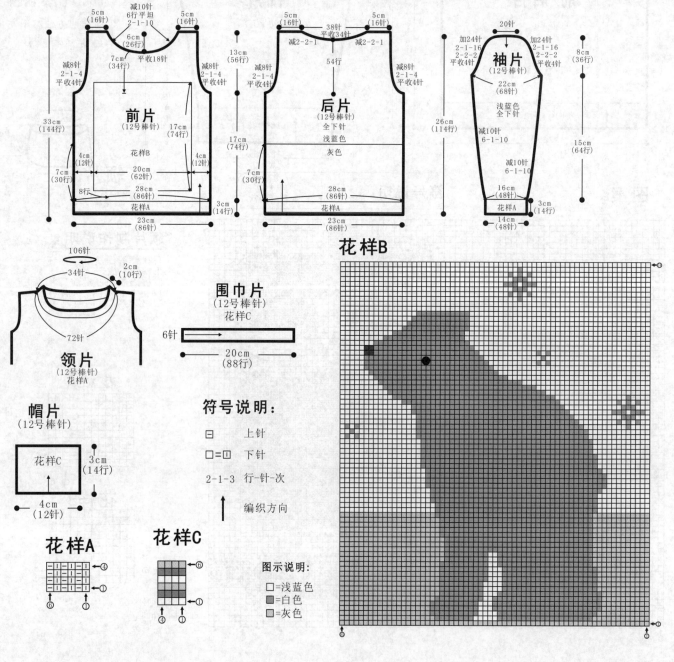

符号说明：

□　　上针

□=□　下针

2-1-3　行-针-次

↑　　编织方向

图示说明：

□=浅蓝色
■=白色
▨=灰色

配色拼接毛衣

【成品规格】衣长38cm，胸宽31cm，肩宽23cm，袖长31cm

【工　　具】13号棒针

【编织密度】31针×39行=10cm²

【材　　料】灰色棉线350g 咖啡色棉线50g，白色、橙色、黑色线少量

编织要点：

1. 棒针编织法，衣身分为前片和后片分别编织。
2. 起织后片，双罗纹针起针法灰色线起96针，织花样A，织16行后，改织花样B，不加减针织至82行，第83行起两侧袖窿减针，方法为1-4-1，2-1-8，织至148行，第149行将中间平收30针，两侧减针织成后领，方法为2-1-2，织至152行，两侧肩部各余下19针，收针断线。
3. 起织前片，双罗纹针起针法灰色线起96针，织花样A，织16行后，改织花样B 灰色线织22针，接着灰色与咖啡色线混合编织11针，余下针数全部织灰色线，不加减针织至82行，第83行起两侧袖窿减针，方法为1-4-1，2-1-8，织至98行，左侧灰色线部分改为咖啡色线编织，织至140行，第141行将中间平收14针，两侧前领减针，方法为2-2-2，2-1-6，织至152行，两侧肩部各余下19针，收针断线。
4. 将前片与后片的两肩部缝合，两侧缝缝合。
5. 平针绣方式在前片中央绣图案a。

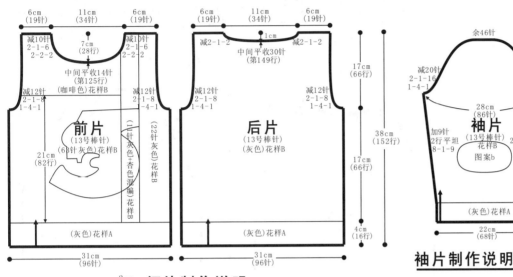

领片制作说明

领片制作说明

1. 棒针编织法，一片环形编织完成。
2. 挑织衣领，沿前后领口挑起74针，灰色线编织花样A，织8行后，收针断线。

领片
(13号棒针)
花样A

图案a

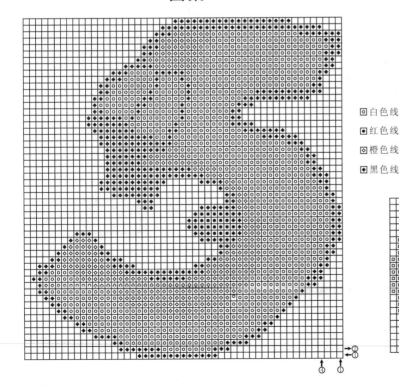

☑ 白色线
▣ 红色线
◎ 橙色线
☒ 黑色线

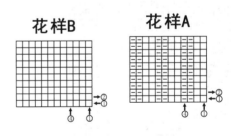

袖片制作说明

1. 棒针编织法，编织两片袖片。从袖口起织。
2. 双罗纹针起针法，灰色线起68针织花样A，织14行后改织花样B，两侧同时加针，方法为8-1-9，织至88行，袖片变成86针，减针编织袖山，两侧同时减针，方法为1-4-1，2-1-16，两侧各减少20针，织至120行，织片余下46针，收针断线。
3. 同样的方法再编织另一袖片。
4. 灰色与咖啡色线混合平针绣织图案b。
5. 缝合方法:将袖山对应前片与后片的袖窿线，用线缝合，再将两袖侧缝对应缝合。

符号说明：

□ 上针
□=□ 下针

2-1-3
行-针-次

花样B　　花样A

图案b

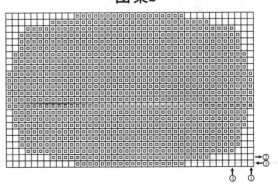

调皮老鹰图案毛衣

【成品规格】 衣长33cm，胸宽31cm，
袖长35cm

【工　　具】 11号棒针

【编织密度】 31针×38行=10cm²

【材　　料】 深蓝色羊毛线260g，浅蓝色羊毛线260g　白色羊毛线20g　红色、黑色羊毛线各5g

编织要点：

1. 棒针编织法，前、后身片、袖片分别编织而成。
2. 前片的编织。一片织成。起针，起88针，织花样A，织14行，第15行起加至92针，织1行上针，然后织下针，织2行，第3行起，中间34针位置开始配色织花样B，下针共织64行的高度，至袖窿。袖窿起减针，两边同时减6针，然后2-1-27，两边各减少33针，继续编织下针，织成袖窿算起32行的高度时，中间平收18针不织，两边相反方向减针，减2-1-4，然后不加减针再织6行，收针断线。
3. 后片的编织。起针与前片相同，全织下针，下针起换深蓝色，不织图案，下针共织64行，开始袖窿减针，减针与前片相同，后衣领减针至22针时，收针断线。
4. 袖片的编织。从袖山起织，下针起针法，起16针，配色线织花样C，两侧同时加针，加2-1-28，平加6针，两边各加34针，袖壮加至84针，袖山织56行后开始袖片减针。两袖侧缝上同时减针织6针，减8-1-5，4-1-6，两边各减少11针，织64行至袖口，袖口收针至48针，织花样A袖口边，织14行，收针断线，相同的方法再编织另一边袖片。
5. 拼接。将前片的侧缝与后片的侧缝，前后片肩部与袖片对应缝合。
6. 衣领的编织。沿着前后衣领边，挑出126针，编织花样A，织10行后，收针断线。衣服完成。

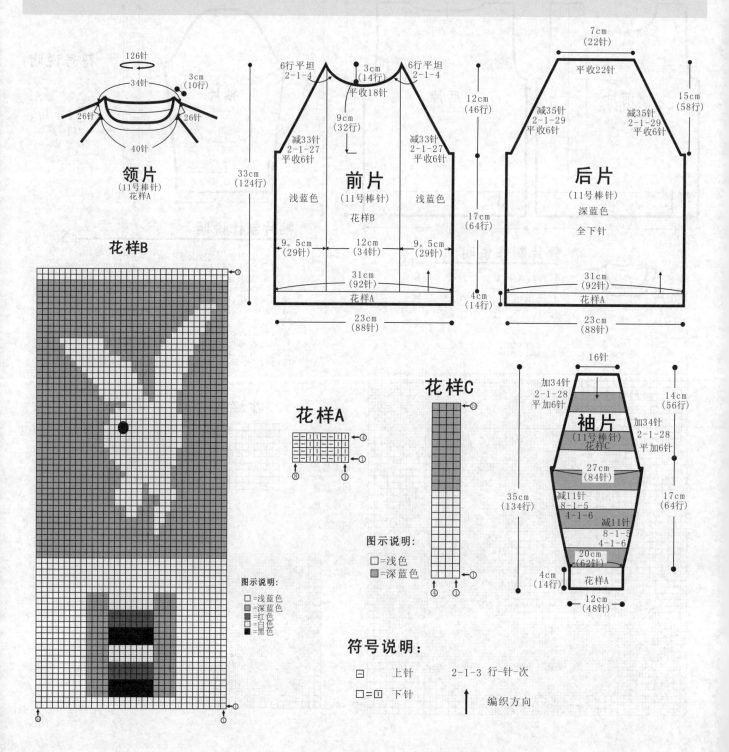

图示说明：
□=浅色
■=深蓝色

图示说明：
□=浅蓝色
■=深蓝色
■=红色
□=白色
■=黑色

符号说明：

□　　上针　　　2-1-3 行-针-次

□=①　下针

↑　编织方向

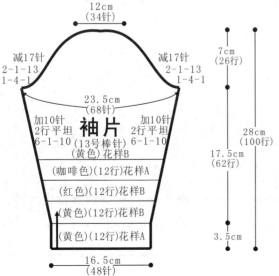

大嘴巴猴连体裤

【成品规格】 裤长55cm，胸宽31cm，肩宽23.5cm，袖长28cm。

【工　　具】 13号棒针

【编织密度】 29针×36行=10cm²

【材　　料】 黄色棉线250g，咖啡色棉线200g，红色、粉线色线各30g

编织要点：

1. 棒针编织法，连身裤分为前片和后片分别编织，从裤管起织。
2. 先织后片，从左裤片起织，单罗纹针起针法，咖啡色线起28针织花样A，织12行后，改织花样B，一边织一边两侧加针，左侧按10-1-6的方法加针，右侧按8-1-7的方法加针，织至74行，织片变成41针，留针暂时不织。同样的方法相反方向编织右裤片，第75行起将两裤片连起来编织，中间加起8针裤档，共90针继续编织。织至116行，改为黄色线编织，织至140行，两侧袖窿减针，方法为1-4-1，2-1-7，织至195行，中间留起32针不织，两侧减针，方法为2-1-2，织至198行，两侧肩部各余下16针，收针断线。
3. 同样的方法编织前片，织至172行，第173行中间留起16针不织，两侧减针，方法为2-1-10，织至198行，两侧肩部各余下16针，收针断线。
4. 将前片与后片两侧缝对应缝合，两肩部对应缝合。
5. 前片衣身中央用平针绣方式绣图案a。

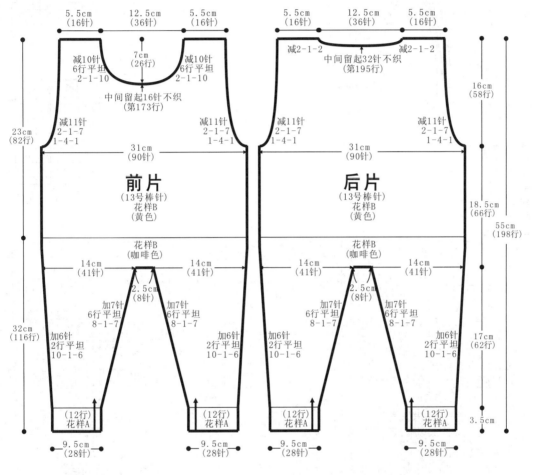

袖片制作说明

1. 棒针编织法，编织两片袖片。从袖口起织。
2. 黄色线起48针，织花样A，织12行后，改织花样B，两侧一边织一边加针，方法为6-1-10，织至24行，改为红色线编织，织至36行，改为咖啡色线编织，织至48行，改回黄色线编织，织至74行。织片变成68针，接着减针编织袖山，两侧同时减针，方法为1-4-1，2-1-13，两侧减少17针，织至100行，织片余下34针，收针断线。
3. 同样的方法再编织另一袖片。
4. 缝合方法：将袖山对应前片与后片的袖窿线，用线缝合，再将两袖侧缝对应缝合。

符号说明：

- ⊟　上针
- □=⊡　下针
- 2-1-3　行-针-次
- ↑　编织方向

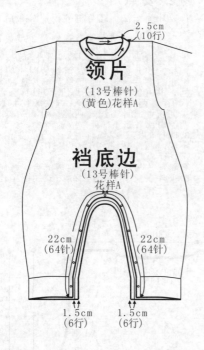

领片
(13号棒针)
(黄色)花样A

2.5cm
(10行)

档底边
(13号棒针)
花样A

22cm
(64针)

22cm
(64针)

1.5cm
(6行)

1.5cm
(6行)

领片/档底边制作说明

1.棒针编织法，衣领黄色线一片环形编织完成。

2.挑织衣领，沿前后领口挑起80针，织花样A，织10行后，收针断线。

3.挑织档底边。沿后片档底咖啡色线挑起128针织花样A，织6行后，单罗纹针收针法收针断线。同样的方法挑织前片档底边，注意前片均匀留起9个扣眼。

花样A

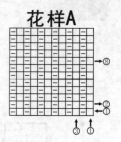

花样B

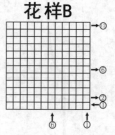

图案a

□ 黄色
☑ 粉红色
■ 红色
☒ 黑色(十字绣)
◆ 咖啡色

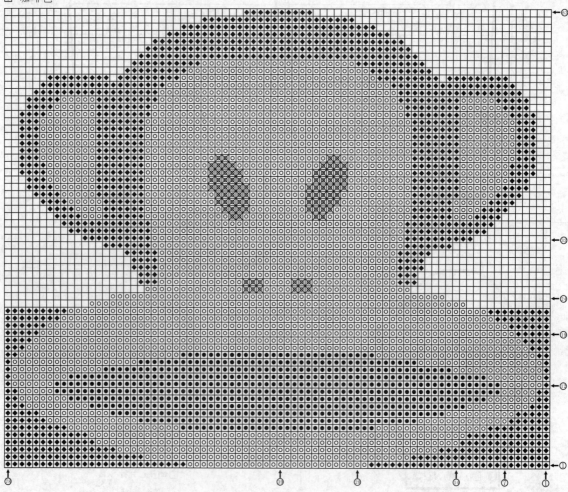

欢乐米奇装

【成品规格】衣长43cm，胸宽33cm，肩连袖长43cm

【工　　具】13号棒针

【编织密度】31针×38.8行=10cm²

【材　　料】灰色棉线350g，白色棉线100g　黑色、红色棉线各50g

编织要点：

1.棒针编织法，衣身片分为前片和后片，分别编织，完成后与袖片缝合而成。

2.起织后片，起102针，织花样A，织16行，改为织花样B，织至104行，第105行织片左右两侧各收4针，然后减针织成插肩袖窿，方法为2-1-31，织至166行，织片余下32针，用防解别针扣起，留待编织衣领。

3.起织前片，前片编织方法与后片相同，织至146行，第147行起，织片中间留起8针不织，两侧减针织成前领，方法为2-1-10，织至166行，两侧各余下2针，用防解别针扣起，留待编织衣领。

4.将前片与后片的侧缝缝合，前片及后片的插肩缝对应袖片的插肩缝缝合。

5.前片中央位置，平绣图案a。

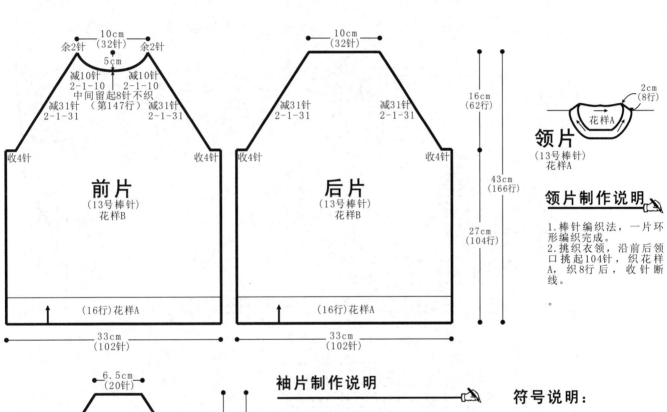

前片 (13号棒针) 花样B

后片 (13号棒针) 花样B

领片 (13号棒针) 花样A

领片制作说明

1.棒针编织法，一片环形编织完成。

2.挑织衣领，沿前后领口挑起104针，织花样A，织8行后，收针断线。

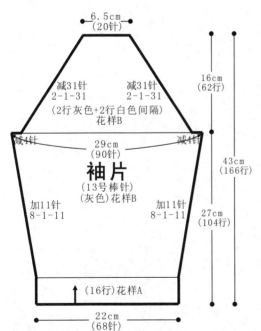

袖片 (13号棒针) (灰色)花样B

袖片制作说明

1.棒针编织法，编织两片袖片。从袖口起织。

2.双罗纹针起针法，灰色线起68针，织花样A，织16行后，改织花样B，一边织一边两侧加针，方法为8-1-11，织至104行，两侧各收4针，改为2行灰色，2行白色间隔编织，接着两侧减针编织插肩袖山。方法为2-1-31，织至166行，织片余下20针，收针断线。

3.同样的方法编织左袖片。

4.将两袖侧缝对应缝合。

符号说明：

□　　上针

□=□　下针

2-1-3　行-针-次

↑　　编织方向

花样A

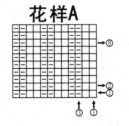

花样B

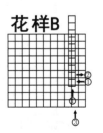

121

图案a

☑ 红色
☒ 黑色
⊠ 白色

122

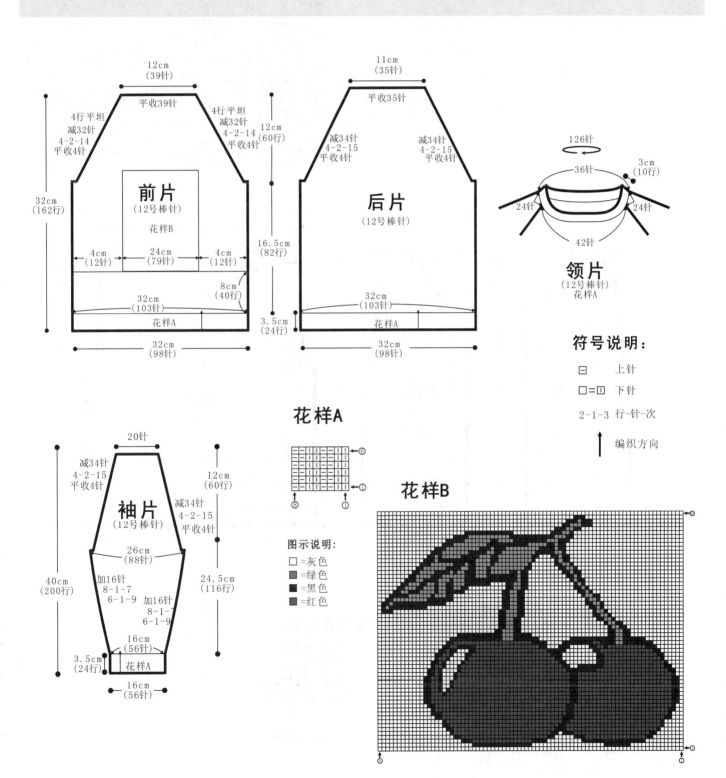

诱人樱桃装

【成品规格】衣长32cm，胸宽32cm，袖长40cm

【工　　具】12号棒针

【编织密度】32针×50行=10cm²

【材　　料】灰色羊毛线310g，黑色、白色、红色羊毛线各2g

编织要点：

1.棒针编织法，前、后身片、袖片分别编织而成。
2.前片的编织。一片织成。起针，起98针，织花样A，织24行，第25行起织下针，织40行，第41行起织花样B，织70行，下针织82行的高度，至袖窿。袖窿起减针，两边同时减4针，然后4-2-14，不加减针再织4行，两边各减少32针，前衣领减针至39针，收针断线。
3.后片的编织。起针与前片相同，不织图案，下针共织82行，开始袖窿减针，减针与前片相同，后衣领减针至35针，收针断线。
4.袖片的编织。从袖口起织，起56针，起织花样A，织24行，下一行起，编织下针，并在两袖侧缝上进行加针，加6-1-9，8-1-7，织成116行，至袖山减针，两侧同时收针，收4针，然后4-2-15，两边各减少34针，余下20针，收针断线，相同的方法再编织另一边袖片。
5.拼接，将前片的侧缝与后片的侧缝，前后片肩部与袖片对应缝合。
6.衣领的编织。沿着前后衣领边，挑出126针，编织花样A，织24行后，收针断线。衣服完成。

花样A

图示说明：
□=灰色
▨=绿色
■=黑色
▩=红色

花样B

符号说明：
□　上针
□=回　下针
2-1-3　行-针-次
↑　编织方向

领片
(12号棒针)
花样A

前片
(12号棒针)
花样B

后片
(12号棒针)

袖片
(12号棒针)

多种图案配色装

【成品规格】 衣长34cm，胸宽25cm，袖长36cm

【工　具】 8号棒针，10号棒针

【编织密度】 28针×38.7行=10cm²

【材　料】 玫红色棉绒线200g，紫色棉绒线200g，灰色100g，白色线少许，扣子6枚

编织要点：

1.棒针编织法，由前片2片、后片1片、袖片2片组成。从下往上织起。配色和绣图相结合。

2.前片的编织。分左右两片，以右前片为例。

(1)起针，下针起针法，用玫红色线，起42针，编织花样A不加减针，织12行的高度。

(2)袖窿以下的编织。第13行起，用紫色线，(左前片用玫红色线)，全织下针，并依照花样A进行配色编织。织成26行后，改用玫红色线(左前片用紫色线)，编织下针44行(左前片在这部分进行花D配色)，至袖窿。

3.袖窿以上的编织。袖窿起减针 两侧同时减针，平收6针，然后2-1-4，织成袖窿算起的30行时，进行领边减针，方法为2-2-7，2-1-1，不加减针，再织6行至肩部，余下17针，收针断线。相同的方法，不同的方向去编织左前片。分别在左右前片上进行花B与花C绣图。

3.后片的编织。下针起针法，用玫红色线起织，起90针，起织花样A，不加减针，织12行后，依照花A配色编织，织下针，织26行后，改用玫红色线编织下针，再织44行后至袖窿，袖窿起减针，两侧收针6针，2-1-4，当织成袖窿算起48行的高度时，卜一行进行后衣领减针，中间收针32针，两侧2-1-2，两侧肩部各余17针，收针断线。

4.袖片的编织。袖片从袖口起织，下针起针法，用玫红色线，起56针，分配成花样A，不加减针，往上织12行的高度，第13行起，全织下针，继续玫红色线，两边袖侧缝进行加针，6-1-10，不加减针，再织10行，至袖山减针，两侧减6针，然后2-2-15，织成30行，余下4针，收针断线。相同的方法去编织另一只袖片。

5.拼接，将前片的侧缝与后片的侧缝对应缝合，将前后片的肩部对应缝合。再将两袖片的袖山边线与衣身的袖窿边对应缝合，最后将袖侧缝缝合。

6.领片和衣襟的编织，先编织衣襟边，分别沿着左右衣襟，挑出74针，起织花样A 不加减针，编织12行的高度后，收针断线，左衣襟制作6个扣眼。然后再沿着前后衣领边和衣襟侧边，挑出102针，起织花样A搓板针，不加减针，编织10行的高度后，收针断线。在右衣襟上钉上6枚扣子。衣服完成。

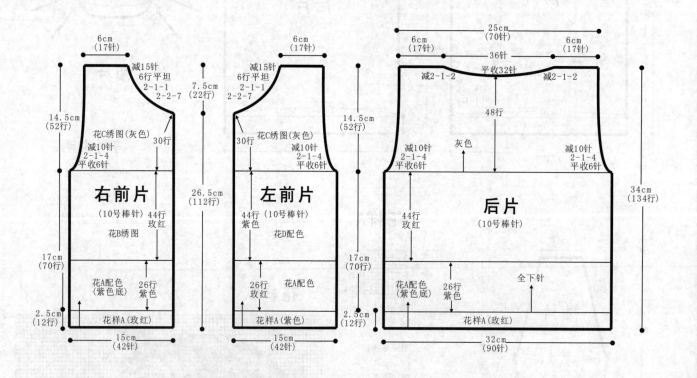

符号说明：

⊟　上针

□=□　下针

2-1-3 行-针-次

↑　编织方向

花样A(搓板针)

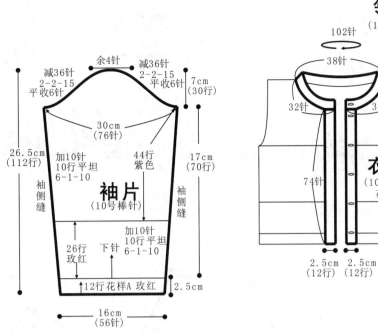

领片
（10号棒针）
花样A
102针
38针
2cm
（10行）
32针 32针
衣襟
（10号棒针）
花样A
74针
2.5cm
（12行）
2.5cm
（12行）

减36针
2-2-15
平收6针
余4针
减36针
2-2-15
平收6针
7cm
（30行）
30cm
（76针）
26.5cm
（112行）
加10针
10行平坦
6-1-10
44行
紫色
袖侧缝
17cm
（70行）
袖片
（10号棒针）
袖侧缝
26行
玫红
下针
加10针
10行平坦
6-1-10
12行花样A 玫红
2.5cm
16cm
（56针）

花样B

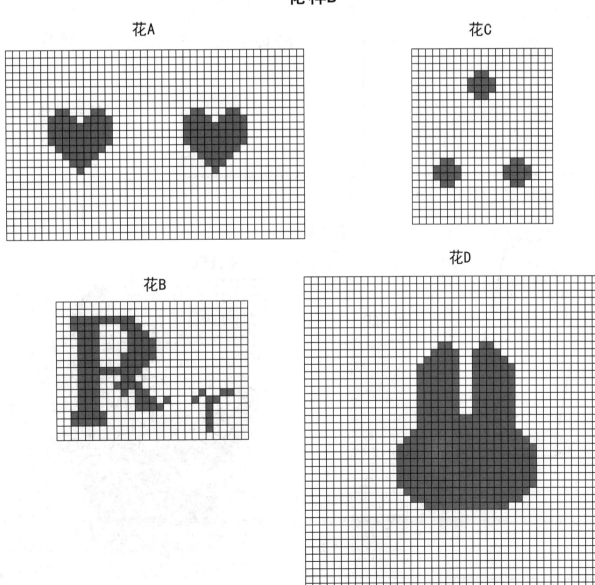

花A

花C

花B

花D

125

KITTY彩虹衣

【成品规格】 衣长33cm，胸宽23cm，袖长34cm

【工　　具】 11号棒针

【编织密度】 30针×40行=10cm²

【材　　料】 蓝色羊毛线360g，橘红色羊毛线30g，白色羊毛线30g，绿色羊毛线30g，黄色羊毛线30g

编织要点：

1. 棒针编织法，前、后身片、袖片分别编织而成。
2. 前片的编织。一片织成。起针，起88针，织花样A 织16行，第17行起织花样B，织32行，第33行起编织花样C，织40行，下针共织64行的高度，至袖窿。袖窿起减针，两边同时减4针，然后2-1-26，两边各减少30针，继续编织下针，织成袖窿算起36行的高度时，中间平收18针不织，两边相反方向减针，减2-1-5，然后不加减针再织6行，收针断线。
3. 后片的编织。起针与前片相同，完成花样B后全织蓝色下针，不织图案，下针共织64行，开始袖窿减针，减针与前片相同，后衣领减针至22针时，收针断线。
4. 袖片的编织。从袖山起织，下针起针法，起18针，两侧同时加针，加2-1-28，平加4针，两边各加32针，袖壮加至82针，袖山织56行后开始袖片减针。两袖侧缝上同时减针，减6-1-10，两边各减少10针，织66行至袖口，袖口收8针至54针，织花样A袖口边，织14行，收针断线，相同的方法再编织另一边袖片。
5. 拼接，将前片的侧缝与后片的侧缝、前后片肩部与袖片对应缝合。
6. 衣领的编织。沿着前后衣领边，挑出126针，编织花样A，织10行后，收针断线。衣服完成。

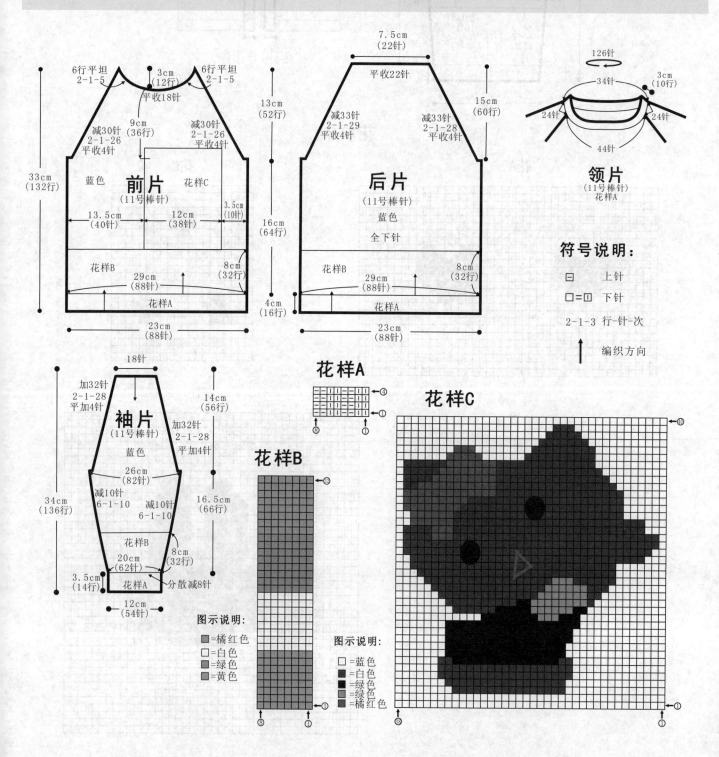

符号说明：

口	上针
口=回	下针
2-1-3	行-针-次

↑ 编织方向

快乐海豚套头衫

【成品规格】 衣长33cm 胸宽30cm
　　　　　　 袖长35cm

【工　　具】 11号棒针

【编织密度】 31针×40行=10cm²

【材　　料】 浅蓝色羊毛线300g, 灰色
　　　　　　 羊毛线260g 黄色羊毛线
　　　　　　 30g 深蓝色羊毛线10g

编织要点:

1.棒针编织法, 前、后身片、袖片分别编织而成。
2.前片的编织。一片织成。起针, 起88针, 织花样A 织16行, 第17行起加针至92针, 然后织下针, 织2行, 第3行起, 编织花样B 织16行, 然后换灰色织4行, 第5行起中间49针位置开始配色编织花样C 织58行, 下针共织64行的高度, 至袖窿。袖窿起减针, 两边同时减6针, 然后4-2-13 两边各减少32针, 继续编织下针, 织成袖窿算至40行的高度时, 中间平收18针不织, 两边相反方向减针, 减2-1-5 然后不加减针再织2行, 收针断线。
3.后片的编织。起针、编织方法与前片相同, 完成花样B后, 换灰色织下针, 织58行, 不织花样图案, 下针共织64行后, 开始袖窿减针, 减针方法与前片相同, 后衣领减针至24针时, 收针断线。
4.袖片的编织。从袖山起织, 下针起针法, 浅蓝色线起16针, 织下针, 48行后换灰色编织, 织58行。起针后两侧同时加针, 加4-2-14, 平加6针, 两边各加34针, 袖壮加至84针, 袖山织56行后开始袖片减针。两袖侧缝上同时减针, 减6-1-11 两边各减少11针, 灰色线织58行后, 配色线编织花样B 袖片织70行至袖口, 袖口收针至48针, 织花样A袖口边, 织14行, 收针断线, 相同的方法再编织另一边袖片。
5.拼接, 将前片的侧缝与后片的侧缝, 前后片肩部与袖片对应缝合。
6.衣领的编织。沿着前后衣领边, 浅蓝色线挑出126针, 编织花样A, 织10行后, 收针断线。衣服完成。

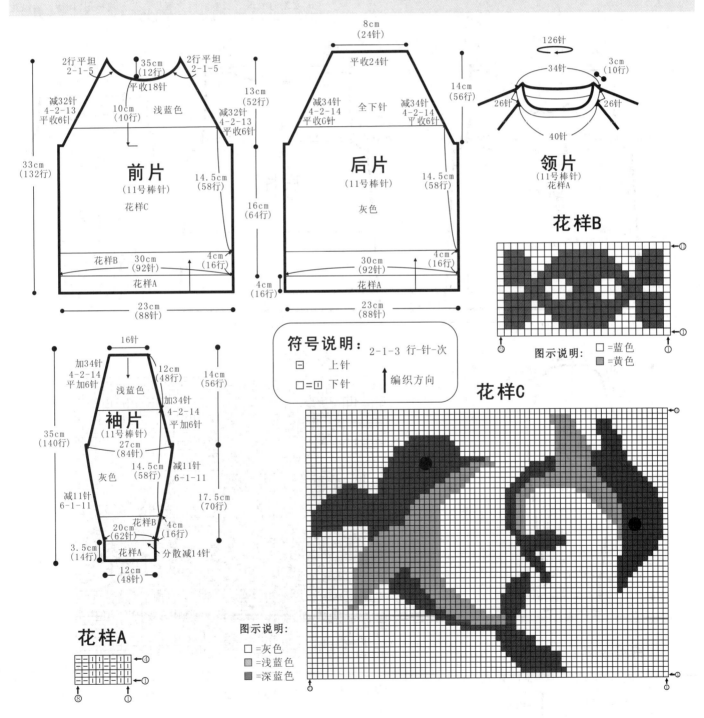

前片
(11号棒针)
花样C

后片
(11号棒针)
灰色

领片
(11号棒针)
花样A

袖片
(11号棒针)

符号说明: 2-1-3 行-针-次
□ 上针
□=□ 下针
编织方向

花样B
图示说明: □=蓝色 ■=黄色

花样C

花样A
图示说明: □=灰色 ■=浅蓝色 ■=深蓝色

兔子吃草图案毛衣

【成品规格】 衣长36cm，胸宽32cm，袖长28cm

【工　　具】 12号棒针

【编织密度】 31针×40行=10cm²

【材　　料】 黄色羊毛线540g，浅绿色羊毛线60g 深绿色、白色羊毛线各10g 紫色、黑色羊毛线各5g

编织要点：

1. 棒针编织法，前、后身片、袖片分别编织而成。

2. 前片的编织。一片织成。起针，黄色线起112针，织下针，织10行，第11行起编织花样A 织10行，然后，从第21行起，从起针处挑针并针编织，将衣摆变成双层衣摆。然后编织花样B，织71行，从第72行织黄色线下针，双层边后织82行的高度，至袖隆。袖隆起减针，两边同时减各6针，然后2-1-4，两边各减少10针，余92针，减针后第2行编织隔1针2并1减1针，共减32针，余60针，继续编织下针，织成袖隆算起30行的高度时，中间平收16针不织，两边相反方向减针，减2-1-8，两边各余下14针，然后不加减针，再织14行的高度后，收针断线。

3. 后片的编织。起针及编织方法与前片完全相同，双层边编织花样b，织24行，第25行起换黄色线编织，织82行后袖隆减针，减针也与前片相同，当织成袖隆算起58行的高度时，进行后衣领减针，两边相反方向减针，减2-2-1，织成2行，两边各余下14针，收针断线。

4. 袖片的编织。从袖山起织，下针起针法，黄色线起22针，全织下针，两侧同时加针，加2-1-15 2-2-1，平加6针，两边各加23针，袖壮加织68行，袖山织32行后开始袖片减针。两袖侧缝上同时减针，减8-1-8，两边各减少8针。袖片织66行至袖口，袖口收针至52针，编织花样C，织14行，收针断线，相同的方法再编织另一边袖片。

5. 拼接，将前片的侧缝与后片的侧缝和肩部及袖片对应缝合。

6. 衣领的编织。沿着前后衣领边，黄色线挑出116针，编织花样C，织10行，收针断线。衣服完成。

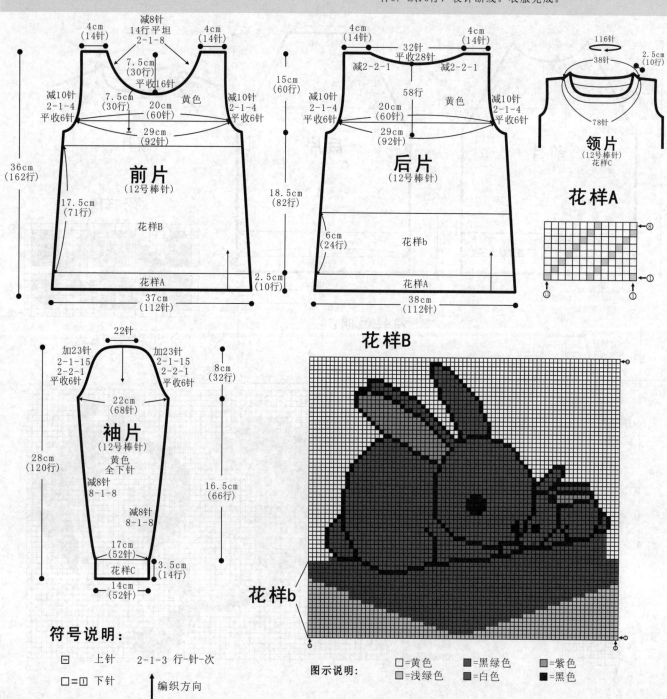

前片 (12号棒针)

4cm (14针)　减8针 14行平坦 2-1-8　4cm (14针)

7.5cm (30行) 平收16针

减10针 2-1-4 平收6针　7.5cm (30行) 20cm (60针) 黄色　减10针 2-1-4 平收6针

29cm (92针)

36cm (162行)

17.5cm (71行)

花样B

花样A

37cm (112针)

15cm (60行)

18.5cm (82行)

2.5cm (10行)

后片 (12号棒针)

4cm (14针)　32针 平收28针　4cm (14针)

减2-2-1　58行　减2-2-1

减10针 2-1-4 平收6针　20cm (60针) 黄色　减10针 2-1-4 平收6针

29cm (92针)

花样b

6cm (24行)

花样A

38cm (112针)

领片 (12号棒针) 花样C

116针　2.5cm (10行)　38针　78针

花样A

袖片 (12号棒针) 黄色 全下针

22针

加23针 2-1-15 2-2-1 平收6针　加23针 2-1-15 2-2-1 平收6针

22cm (68针)

8cm (32行)

减8针 8-1-8　减8针 8-1-8

28cm (120行)

16.5cm (66行)

17cm (52针)

花样C　3.5cm (14行)

14cm (52针)

花样B

花样b

符号说明：

▢ 上针　2-1-3 行-针-次

▢=▣ 下针　↑编织方向

图示说明：

▢=黄色　■=黑绿色　▨=紫色

▩=浅绿色　▨=白色　■=黑色

128

个性背心裙

【成品规格】 衣长43cm，胸宽24cm

【工 具】 10号棒针，1.5mm钩针

【编织密度】 43针×44行=10cm²

【材 料】 蓝色腈纶棉线600g，粉、黑、蓝、黄色线少许

编织要点：

1.钩针编织法与棒针编织法结合。先用棒针编织衣身，再钩织袖口和领边花边。

2.下摆片的编织。下摆起织，190针起织，用黄色线起织，织2行花样A后改用蓝色线织4行花样A。下一行起织。分配花样，对折织片，中间各选43针，共86针织上针。两侧余下的针数织下针。在上针中间，进行并针编织，2-2-43，即3针并为1针，中间1针向上。照此花样分配编织，织成86行后，完成下摆片的编织。相同的方法去编织后下摆片。再根据花样B和花样C图案，制作两个方块，缝合于前下摆片两侧的下针花样处。后片不制作。

3.前后片的编织。前片的编织，沿着前下摆片上侧边缘，挑出104针，起织花样D，不加减针，织22行后进入袖隆减针。前片分成两半，先编织左片，选取56针，中间的8针编织花样E单罗纹针，余下的继续织花样D，并在左侧减针，收针12针，然后2-1-4，从袖隆算起织成40行后，进入前衣领减针，收针8针，然后2-2-8，不加减再织20行，至肩部，余下16针，收针断线。右片的右侧48针编织花样D，在8针花样E的内侧挑出8针编织花样E，而右侧进行袖隆减针，减针方法与左片相同，织成40行后，前衣领减针，减针方法与左片相同，织至肩部余下16针，收针断线。后片的编织。同样在下摆片的上侧边缘挑出104针，不加减针织22行，然后袖隆减针，方法与前片相同，当织成袖隆算起72行的高度后，下一行中间收针36针，两边减针，减2-1-2，各减2针，两边肩部余下16针，收针断线。将前后片的侧缝对应缝合。再将肩部对应缝合。

4.袖片的编织。用蓝色线，沿着袖隆边线挑出124针，起织花样A搓板针，织6行，相同的方法去编织另一袖片。最后用黄色线。沿着袖口边。钩织一圈短针锁边。

5.沿着前后衣领边，用蓝色线，挑出106针，含门襟上侧挑边针。起织花样A搓板针。织6行，最后用黄色线沿衣领边和门襟边钩织一圈短针锁边。在一侧门襟上钉上扣子。衣服完成。

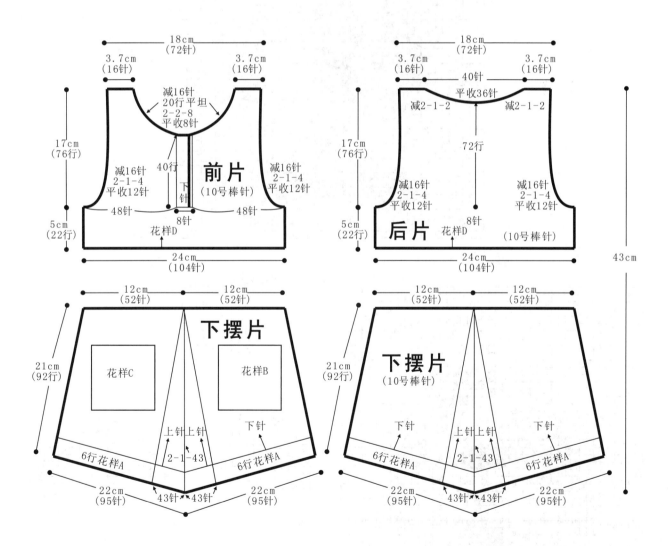

前片（10号棒针）
18cm（72针）
3.7cm（16针）　3.7cm（16针）
减16针　20行平坦　2-2-8　平收8针
17cm（76行）
40行
减16针　2-1-4　平收12针
减16针　2-1-4　平收12针
48针　　48针
8针
花样D
5cm（22行）
24cm（104针）

后片（10号棒针）
18cm（72针）
3.7cm（16针）　3.7cm（16针）
40针
平收36针
减2-1-2　减2-1-2
72行
减16针　2-1-4　平收12针
减16针　2-1-4　平收12针
8针
花样D
17cm（76行）
5cm（22行）
24cm（104针）
43cm

下摆片
12cm（52针）　12cm（52针）
花样C　花样B
21cm（92行）
上针上针
2-1-43
下针
6行花样A　6行花样A
22cm（95针）　22cm（95针）
43针　43针

下摆片（10号棒针）
12cm（52针）　12cm（52针）
21cm（92行）
下针　上针上针　下针
2-1-43
6行花样A　6行花样A
22cm（95针）　22cm（95针）
43针　43针

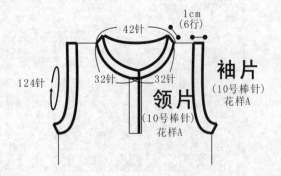

袖片
(10号棒针)
花样A

领片
(10号棒针)
花样A

42针

1cm
(6行)

124针 32针 32针

符号说明:

□ 上针 十 短针

□=□ 下针 长针

2-1-3 行-针-次 锁针

编织方向

花样B

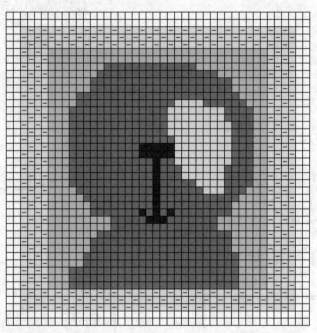

花样C

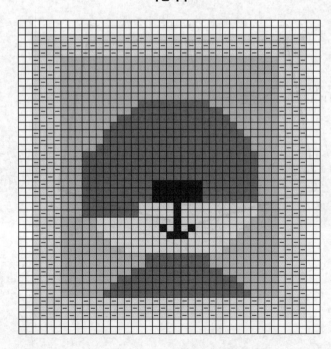

花样A (搓板针)

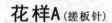

花样D

花样E

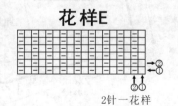

2针一花样

130

田园风光开衫

【成品规格】 衣长35cm，衣宽36cm，袖长30cm

【工　　具】 10号棒针

【编织密度】 28针×43行＝10cm²

【材　　料】 黄色腈纶毛线350g，棕色线150g，扣子6枚

编织要点：

1. 棒针编织法。

2. 下摆起织，环织，单罗纹起针法，一圈起190针，来回编织。用棕色线起织，起织花样A，不加减针，织16行，下一行起全织下针，不加减针，用棕色线织20行后改用黄色线编织60行至袖隆。袖隆起减针，将织片分成三部分，左前片和右前片各46针，中间98针为后片。先编织左前片，右边减针，2-2-4，当织成袖隆算起34行时，下一行左侧进行衣领减针，2-2-11，再织2行后至领口，余下16针，收针断线。相同的方法去编织右前片。后片的编织，两侧同时减针，2-2-4，各减少8针，然后不加减针，织下针，当织成袖隆算起54行的高度后，下一行中间收针46针，两侧减针，2-1-2，两肩部各余下16针，收针断线。将前后片的肩部对应缝合。

3. 袖片的编织。袖口起织，用棕色线，起52针，起织花样A，织成16行后，分散加8针，织成60针，下一行起全织下针，用棕色线织20行后再改用黄色线，并在袖侧缝上加针，8-1-10，织成80行，至袖隆减针，两边减针2-2-15，2-1-5，织成40行，余下10针，收针断线。相同的方法去编织另一片袖片。将袖隆边线与衣身的袖隆边线对应缝合。

4. 最后沿着前后衣领边，挑出104针，起织下针，编织帽片，不加减针，织82行后，将针数分成两半，在中间减针，2-1-6，两侧各余下46针，对应缝合。最后沿着左右衣襟边和帽前沿，挑出436针，用棕色线，起织花样A，不加减针，编织8行，在右衣襟上制作6个扣眼。最后于左右前片和后片上，根据花样B和花样C进行十字绣绣图。衣服完成。

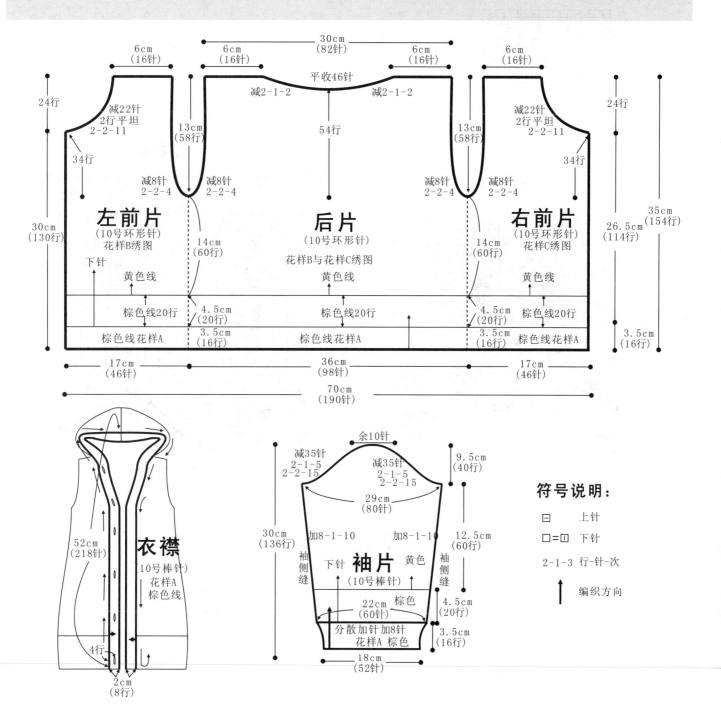

图示标注：

- 6cm (16针) / 6cm (16针) / 30cm (82针) / 6cm (16针) / 6cm (16针)
- 平收46针
- 减2-1-2　减2-1-2
- 24行
- 减22针 2行平坦 2-2-11
- 13cm (58行)
- 54行
- 34行
- 减8针 2-2-4
- **左前片** (10号环形针) 花样B绣图
- **后片** (10号环形针) 花样B与花样C绣图
- **右前片** (10号环形针) 花样C绣图
- 下针
- 黄色线
- 棕色线20行
- 14cm (60行)
- 4.5cm (20行)
- 3.5cm (16行)
- 棕色线花样A
- 30cm (130行) / 35cm (154行) / 26.5cm (114行) / 3.5cm (16行)
- 17cm (46针) / 36cm (98针) / 17cm (46针)
- 70cm (190针)

衣襟 (10号棒针) 花样A 棕色线
- 52cm (218针)
- 4行
- 2cm (8行)

袖片 (10号棒针)
- 余10针
- 减35针 2-1-5 2-2-15
- 9.5cm (40行)
- 29cm (80针)
- 加8-1-10　加8-1-10
- 12.5cm (60行)
- 30cm (136行)
- 袖侧缝
- 下针　黄色
- 22cm (60针)　棕色
- 4.5cm (20行)
- 分散加针加8针 花样A 棕色
- 3.5cm (16行)
- 18cm (52针)

符号说明：

- ▢　上针
- ▢=回　下针
- 2-1-3　行-针-次
- ↑　编织方向

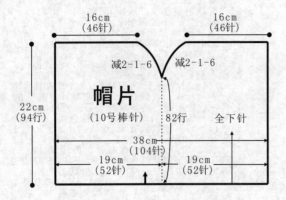

花样A(单罗纹)

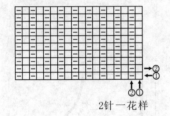

2针一花样

花样B

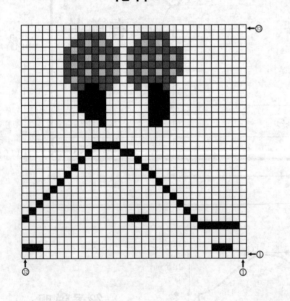

花样C

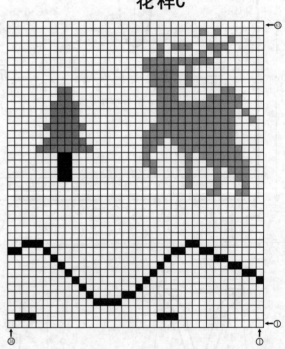

图示说明:

□=橘红色
■=咖啡色
■=红色
■=蓝色
■=绿色

彩色扣开衫

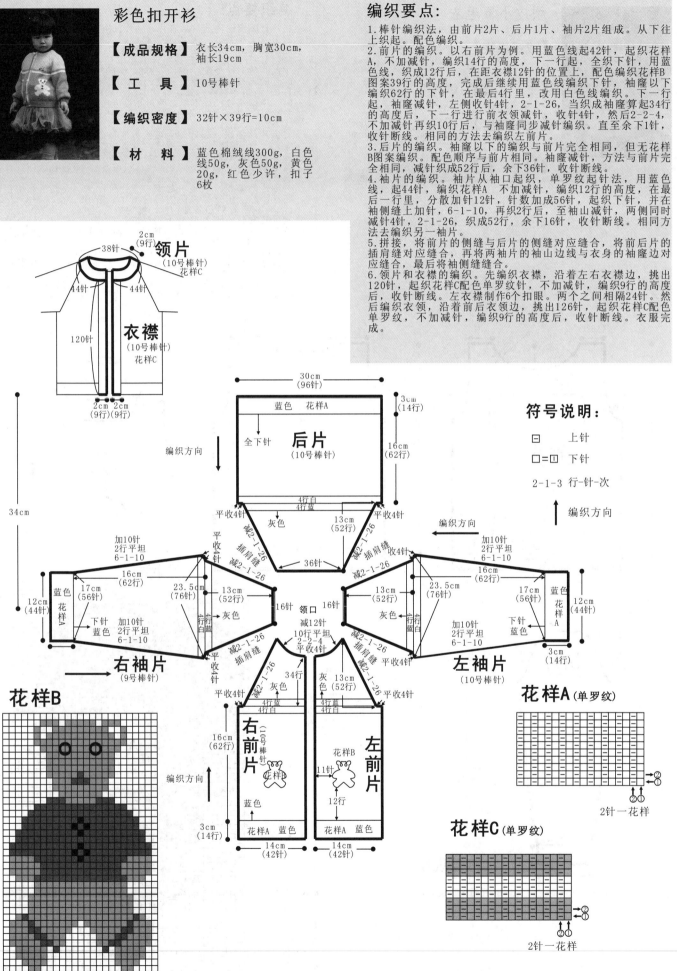

【成品规格】衣长34cm，胸宽30cm，袖长19cm

【工　具】10号棒针

【编织密度】32针×39行=10cm

【材　料】蓝色棉绒线300g，白色线50g，灰色50g，黄色20g，红色少许，扣子6枚

编织要点：

1.棒针编织法，由前片2片、后片1片、袖片2片组成。从下往上织起。配色编织。

2.前片的编织。以右前片为例。用蓝色线起42针，起织花样A，不加减针，编织14行的高度，下一行起，全织下针，用蓝色线，织成12行后，在距衣襟12针的位置上，配色编织花样B图案39行的高度，完成后继续用蓝色线编织下针，袖窿以下编织62行的下针，最后第4行，改用白色线编织。下一行起，袖窿减针，左侧收针4针，2-1-26，当织成袖窿算起34针的高度后，下一行进行前衣领减针，收针4针，然后2-2-4，不加减针再织10行后，与袖窿同步减针编织。直至余下1针，收针断线。相同的方法去编织左前片。

3.后片的编织。袖窿以下的编织与前片完全相同，但无花样B图案编织。配色顺序与前片相同。袖窿减针，方法与前片完全相同，减针织成52行后，余下36针，收针断线。

4.袖片的编织。袖片从袖口起织，单罗纹起针法，用蓝色线，起织44针，编织花样A不加减针，编织12行的高度，在最后一行里，分散加针12针，针数加成56针，起织下针，并在袖侧缝上加针，6-1-10，再织2行后，至袖山减针，两侧同时减针4针，2-1-26，织成52行，余下16针，收针断线。相同方法去编织另一袖片。

5.拼接，将前片的侧缝与后片的侧缝对应缝合，将前后片的插肩缝对应缝合，再将两袖片的袖山边线与衣身的袖窿边对应缝合，最后将袖侧缝缝合。

6.领片和衣襟的编织。先编织衣襟，沿着左右衣襟边，挑出120针，起织花样C配色单罗纹针，不加减针，编织9行的高度后，收针断线。左衣襟制作6个扣眼。两个之间相隔24针。然后编织衣领，沿着前后衣领边，挑出126针，起织花样C配色单罗纹，不加减针，编织9行的高度后，收针断线。衣服完成。

符号说明：

- ⊟ 上针
- □=⊡ 下针
- 2-1-3 行-针-次
- ↑ 编织方向

领片
2cm（9行）
38针
（10号棒针）花样C
44针　44针
衣襟
120针（10号棒针）花样C
2cm（9行）　2cm（9行）

后片（10号棒针）
30cm（96针）
3cm（14行）
蓝色 花样A
全下针
16cm（62行）
4行白 4行蓝
平收4针　平收4针
灰色
13cm（52行）
减2-1-26　插肩缝　减2-1-26
36针

右袖片（9号棒针）
加10针 2行平坦 6-1-10
16cm（62行）
17cm（56针）
蓝色 花样A
下针 蓝色
加10针 2行平坦 6-1-10
12cm（44行）
平收4针
23.5cm（76针）
13cm（52行）
行 行 白 蓝
灰色
16针

左袖片（10号棒针）
加10针 2行平坦 6-1-10
16cm（62行）
17cm（56针）
蓝色 花样A
下针 蓝色
12cm（44行）
3cm（14行）
平收4针
23.5cm（76针）
13cm（52行）
行 行 蓝 白
灰色
16针

领口 减12针
10行平坦 2-2-4 平收4针 减2-1-26 插肩缝

右前片（10号棒针）
平收4针 减2-1-26
34行 灰色
16cm（62行）
花样B
花样 蓝色
花样A 蓝色
3cm（14行）
14cm（42针）

左前片
13cm（52行）灰色
4行蓝 4行白
11针
花样B
12行
花样A 蓝色
14cm（42针）

花样B

花样A（单罗纹）
2针一花样

花样C（单罗纹）
2针一花样

133

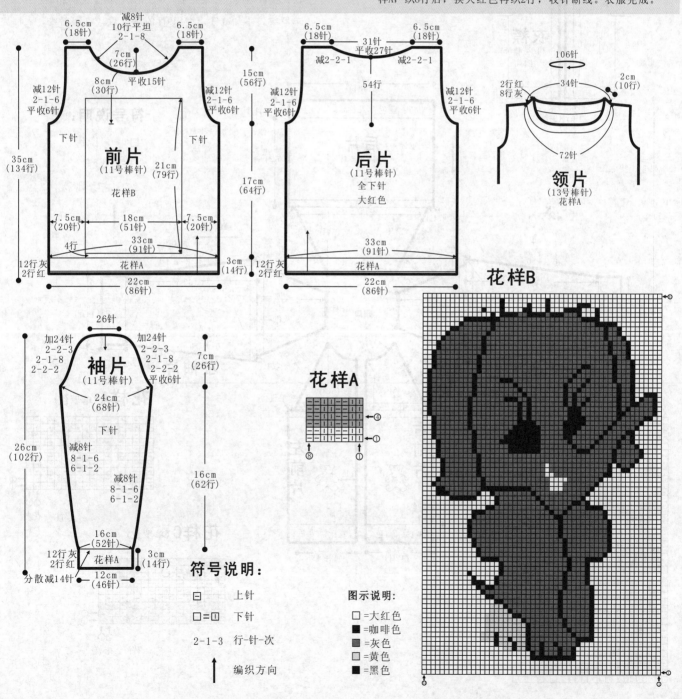

顽皮小象毛衣

【成品规格】衣长35cm，胸宽33cm，袖长26cm

【工　　具】11号棒针，13号棒针

【编织密度】11号：28针×38行=10cm²
13号：38针×44行=10cm²

【材　　料】大红色羊毛线420g，灰色羊毛线140g，咖啡色、黑色、黄色羊毛线各15g

编织要点：

1.棒针编织法，前、后身片、袖片分别编织而成。
2.前片的编织。一片织成。起针，大红色线用细针起86针，起织花样A，织2行，然后换灰色线继续编织，织12行，花样A编织14行。第15行起换粗针编织下针，编织4行，从第5行起中间位置51针处配色编织花样B，织79行，两侧不加减针，织64行的高度，至袖窿。袖窿起减针，两边同时减6针，然后2-1-6，两边各减少12针，继续编织，织成袖窿算起30行的高度时，中间平收15针不织，两边相反方向减针，减2-1-8，两边各余下18针，然后不加减针，再织10行的高度后，收针断线。
3.后片的编织。起针配色编织方法与前片完全相同，不织图案，下针织64行后袖窿减针，减针也与前片相同，当织成袖窿算起54行的高度时，进行后衣领减针，中间留27针不织，两边相反方向减针，减2-2-1，织成2行，两边各余下18针，收针断线。
4.袖片的编织。从袖山起织，下针起针法，大红色线用粗针起26针，全织下针，两侧同时加针，加2-2-3，2-1-8 2-2-2，平加6针，两边各加24针，袖壮加至68针，袖山织26行后开始袖片减针。两袖侧缝上同时减针，减8-1-6，6-1-2，两边各减少8针。袖片织62行至袖口，袖口收针至52行，换灰色线用细针编织花样A，织12行，换大红色线继续编织，共织14行，收针断线，相同的方法再编织另一边袖片。
5.拼接，将前片的侧缝与后片的侧缝和肩部及袖片对应缝合。
6.衣领的编织。沿着前后衣领边，灰色线挑出106针，编织花样A，织8行后，换大红色再织2行，收针断线。衣服完成。

前片
(11号棒针)
花样B
下针

6.5cm
(18针)

减8针
10行平坦
2-1-8

7cm
(26行)

平收15针

6.5cm
(18针)

减12针
2-1-6
平收6针

8cm
(30行)

减12针
2-1-6
平收6针

35cm
(134行)

21cm
(79行)

7.5cm
(20针)　18cm(51针)　7.5cm(20针)

33cm
(91针)

4行

花样A

12行灰
2行红

22cm
(86针)

3cm
(14行)

15cm
(56行)

17cm
(64行)

后片
(11号棒针)
全下针
大红色

6.5cm
(18针)

31针
平收27针

6.5cm
(18针)

减2-2-1

减2-2-1

54行

减12针
2-1-6
平收6针

减12针
2-1-6
平收6针

33cm
(91针)

花样A

12行灰
2行红

22cm
(86针)

领片
(13号棒针)
花样A

106针

2行红
8行灰

34针

2cm
(10针)

72针

袖片
(11号棒针)
下针

26针

加24针
2-2-3
2-1-8
2-2-2

加24针
2-2-3
2-1-8
2-2-2
平收6针

24cm
(68针)

7cm
(26行)

26cm
(102行)

减8针
8-1-6
6-1-2

减8针
8-1-6
6-1-2

16cm
(62行)

16cm
(52针)

12行灰
2行红

花样A

3cm
(14行)

分散减14针

12cm
(46针)

花样A

←④
←①

⑧↑ ①↑

符号说明：

□　上针

□=□　下针

2-1-3　行-针-次

↑　编织方向

花样B

图示说明：

□=大红色
■=咖啡色
▨=灰色
□=黄色
■=黑色

时尚小背心

【成品规格】 衣长31cm，胸围31cm

【工　　具】 12号棒针

【编织密度】 28针×38行=10cm²

【材　　料】 灰色毛线130g，黑灰色毛线120g，红色、橘红色毛线5g

编织要点：

1. 棒针编织法，由前片、后片编织而成，从下往上织起。
2. 前片的编织。一片织成。起针，下起针法，灰色线起88针，织下针，织4行，第5行开始两侧同时减针，减1-2-5，每侧减10针，第10行起，再在两侧同时加针，加1-2-5 每侧加10针，第19行时从起针处挑针并针编织，将衣摆变成双层衣摆。下一行起，配黑灰色线织花样A，织5行后，中间38针位置处编织花样B，织47行。双层衣摆后下针共织58行的高度，至袖窿。袖窿起减针，两边同时减针，平收6针，减2-1-10，两边各减少16针。前领减针，织成袖窿算起24行的高度时，中间平收26针，两边相反方向减针，减2-1-5，两边各余下10针，不加减针，再织20行的高度后，收针断线。
3. 后片的编织。后片编织方法与前片完全相同，不织图案，袖窿减针也与前片相同，减针不加减织至后领高度，进行后衣领减针，中间留34针不织，两边相反方向减针，减2-1-1，两边各余下10针，收针断线。
4. 拼接，将前片的侧缝与后片的侧缝和肩部对应缝合。
5. 最后沿着前后衣领边，灰色线挑出136针，编织花样C，织10行，收针断线。同样，每侧袖口挑出114针，编织花样C，织6行，收针断线。衣服完成。

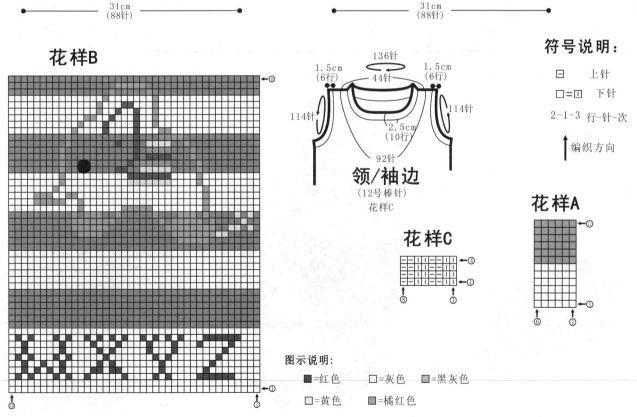

符号说明：

□　上针
□=□　下针
2-1-3　行-针-次
↑　编织方向

图示说明：
■=红色　□=灰色　■=黑灰色
□=黄色　■=橘红色

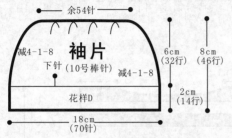

玫红特色短袖

【成品规格】 衣长33cm，胸宽25cm，袖长8cm

【工　具】 10号棒针，8号棒针

【编织密度】 38针×55行＝10cm²

【材　料】 红色棉绒线400g，黄色和白色线各50g

编织要点：

1. 棒针编织法，由前片1片，后片1片，袖片2片组成。从下往上织起。配色和绣图相结合。

2. 前片的编织。用黄色线，根据花样B编织两个花瓣的角，然后在两侧起针，前片左侧起44针，右侧起42针，起织下针，花朵继续根据花样B编织，两侧用红色线编织，并在侧缝上加针，12-1-9，再织8行至袖窿。前片织完花样B后，红色线编织22行后，用白色线编织花样C图案。袖窿起减针，两侧4-2-5，4-1-1，当织成袖窿算起32行的高度时，下一行进行前衣领减针，中间收针12针，两侧减针，2-2-5，4-1-4，不加减针，再织6行后，至肩部，各余下16针，收针断线。左肩部制作一个扣眼。

3. 后片的编织。双罗纹起针法，用红色线起织，起112针，起织花样A，先用粗一点的针织2行，然后再织10行。下一行起全织下针。并在侧缝上减针，12-1-9，再织8行后至袖窿，袖窿起减针，4-2-5，4-1-1，当织成袖窿算起60行的高度时，下一行进行后衣领减针，中间收针36针，两侧2-1-2，两侧肩部各余下16针，收针断线。

4. 袖片的编织。袖片从袖口起织，双罗纹起针法，用红色线，起70针，编织花样D，先用粗一点的针织4行，再用10号棒针编织，织10行花样D，下一行起，全织下针，继续玫红色线，两边袖侧缝进行减针，4-1-8，织成32行，余下54针，收针断线。相同的方法去编织另一只袖片。

5. 拼接，将前片的侧缝与后片的侧缝对应缝合，将前后片的肩部对应缝合，左肩用扣子扣住。再将两袖的袖山边线收缩后与衣身的袖窿边对应缝合，最后将袖侧缝缝合。

6. 领片的编织，前衣领边挑出80针，后衣领边挑出56针，以左肩为开口，来回编织，起织花样A双罗纹针，用10号针织10行后，改用8号棒针编织4行，完成后，收针断线。衣服完成。

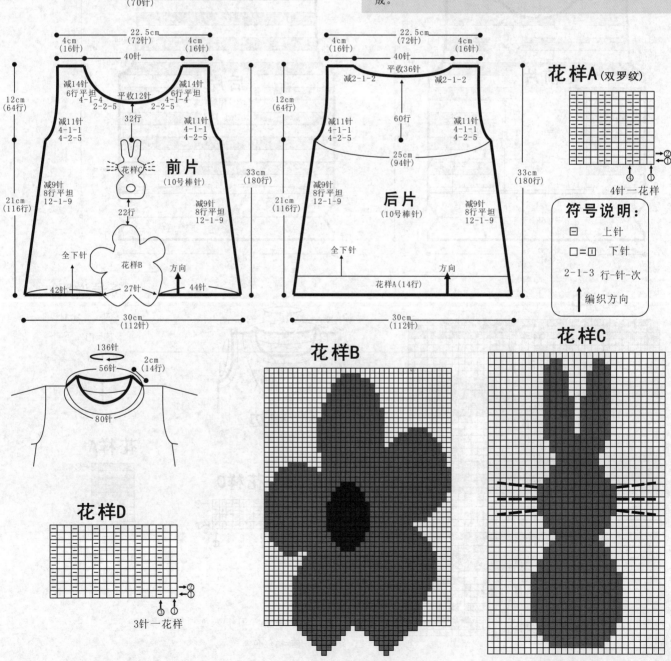

花样A（双罗纹）

4针一花样

符号说明：

□ 上针
□＝□ 下针
2-1-3 行-针-次
↑ 编织方向

花样B

花样C

花样D

3针一花样

袖片

余54针

减4-1-8　下针（10号棒针）　减4-1-8

花样D

6cm（32行）　8cm（46行）

2cm（14行）

18cm（70针）

前片（10号棒针）

22.5cm（72针）

4cm（16针）　40针　4cm（16针）

12cm（64行）

减14针 6行平坦 4-1-4 2-2-5　平收12针　减14针 6行平坦 4-1-4 2-2-5

减11针 4-1-1 4-2-5　32行　减11针 4-1-1 4-2-5

花样A

前片

22行

减9针 8行平坦 12-1-9　减9针 8行平坦 12-1-9

21cm（116行）

全下针　花样B　方向

42针　27针　44针

33cm（180行）

30cm（112针）

后片（10号棒针）

22.5cm（72针）

4cm（16针）　40针　4cm（16针）

平收36针

减2-1-2　减2-1-2

12cm（64行）

减11针 4-1-1 4-2-5　60行　减11针 4-1-1 4-2-5

25cm（94针）

减9针 8行平坦 12-1-9　减9针 8行平坦 12-1-9

21cm（116行）

后片

全下针　方向

花样A（14行）

33cm（180行）

30cm（112针）

136针

56针　2cm（14行）

80针

卡通小背心

【成品规格】衣长33cm 胸宽20cm

【工　　具】12号棒针

【编织密度】32针×40行＝10cm²

【材　　料】黄色毛线260g，咖啡
色毛线50g，灰色毛线
40g，白色、粉色毛线
20g

编织要点：

1. 棒针编织法，由前片、后片编织而成，从下往上织起。
2. 前片的编织。一片织成。起针，双罗纹起针法，咖啡色线起88针，织花样A，织16行。下一行起，配色线织下针，织花样A，织12行，第13行起换黄色线编织，织8行后，中间38针位置处编织花样C，织24行。下针共织60行的高度，至袖窿。袖窿起减针，两边同时减针，平收7针，减2-1-10，两边各减少17针。前领减针，织成袖窿算起24行的高度时，中间平收26针，两边相反方向减针，减2-1-5，两边各余下9针，不加减针，再织22行的高度后，收针断线。
3. 后片的编织。后片编织方法与前片相同，袖窿减针也与前片相同，减针不加减针织至后领高度，进行后衣领减针，中间留34针不织，两边相反方向减针，减2-1-1，两边各余下9针，收针断线。
4. 拼接，将前片的侧缝与后片的侧缝和肩部对应缝合。
5. 最后沿着前后衣领边，咖啡色线挑出136针，编织花样A，织10行，收针断线。同样，每侧袖口挑出114针，编织花样A，织6行，编织方法同领片，收针断线。衣服完成。

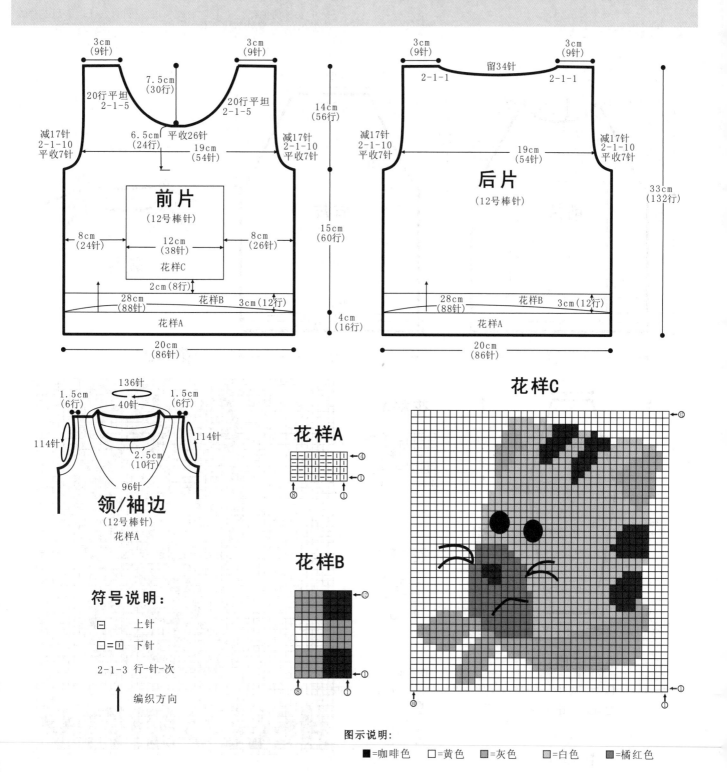

花样A

花样B

花样C

领/袖边
(12号棒针)
花样A

符号说明：

□　　上针

□=□　下针

2-1-3　行-针-次

↑　　编织方向

图示说明：

■=咖啡色　□=黄色　▨=灰色　▨=白色　▨=橘红色

137

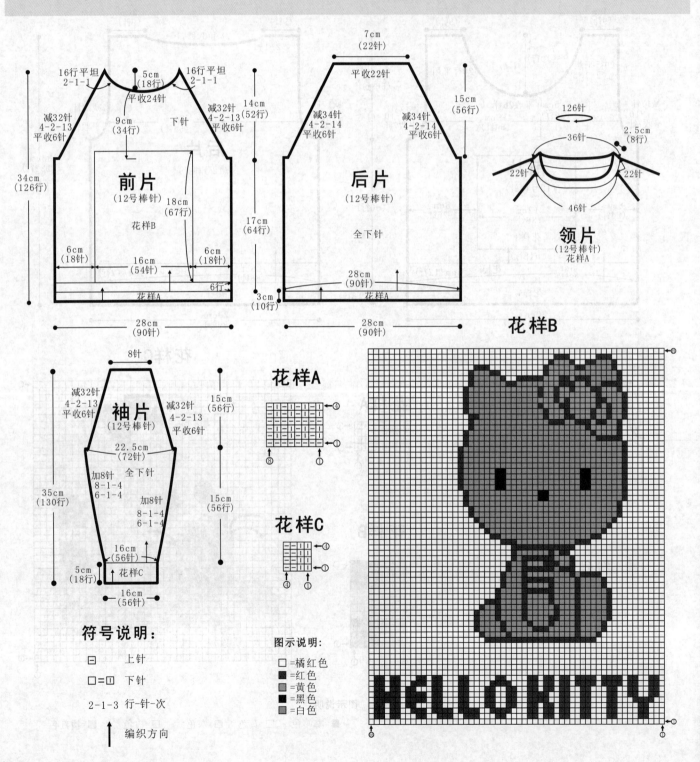

HELLO KITTY装

【成品规格】衣长34cm，胸宽28cm，袖长35cm

【工　　具】12号棒针

【编织密度】32针×38行=10cm²

【材　　料】橘红色羊毛线600g，灰色、白色羊毛线10g，黄色羊毛线5g

编织要点：

1. 棒针编织法，前、后身片、袖片分别编织而成。
2. 前片的编织。一片织成。起针，起90针，织花样A，织10行，第11行起织下针，织6行，第7行起中间位置54针处开始编织花样B，织67行，下针共织64行的高度，至袖窿。袖窿起减针，两边同时减6针，然后4-2-13，两边各减少32针，继续编织下针，织成袖窿算起34行的高度时，中间平收24针不织，两边相反方向减针，减2-1-1，然后不加减再织16行，收针断线。
3. 后片的编织。起针与前片相同，全织橘红色下针，不织图案，下针共织64行，开始袖窿减针，减针与前片相同，后衣领减针至22针时，收针断线。
4. 袖片的编织。从袖口起织，起56针，起织花样C，织18行，下一行起，编织下针，并在两袖侧缝上进行加针，加6-1-4，8-1-4，织成56针，至袖山减针，两侧同时收针，收6针，然后4-2-13，不加减针再织4行，两边各减少32针，余下8针，收针断线，相同的方法再编织另一边袖片。
5. 拼接，将前片的侧缝与后片的侧缝、前后片肩部与袖片对应缝合。
6. 衣领的编织。沿着前后衣领边，挑出126针，编织花样C，织8行后，收针断线。衣服完成。

前片（12号棒针）花样B

16行平坦 2-1-1
5cm（18针）
平收24针
下针
9cm（34行）
减32针 4-2-13 平收6针
14cm（52行）
减32针 4-2-13 平收6针
34cm（126行）
18cm（67行）
6cm（18针）
16cm（54针）
6cm（18针）
6行
花样A
28cm（90针）
17cm（64行）
3cm（10行）

后片（12号棒针）全下针

7cm（22针）
平收22针
减34针 4-2-14 平收6针
减34针 4-2-14 平收6针
15cm（56行）
花样A
28cm（90针）

领片（12号棒针）花样A

126针
36针
2.5cm（8针）
22针
22针
46针

袖片（12号棒针）

8针
减32针 4-2-13 平收6针
减32针 4-2-13 平收6针
22.5cm（72针）
全下针
加8针 8-1-4 6-1-4
加8针 8-1-4 6-1-4
15cm（56行）
15cm（56行）
35cm（130行）
16cm（56针）
5cm（18行）
花样C
16cm（56针）

花样A
④
①
⑧ ①

花样C
④
①
④ ①

符号说明：

⊟　上针
□＝⊡　下针

2-1-3　行-针-次

↑　编织方向

图示说明：

□=橘红色
■=红色
▨=黄色
■=黑色
▨=白色

花样B

蜗牛怪兽毛衣

【成品规格】衣长40cm，衣宽23cm，袖长33cm

【工　　具】10号棒针

【编织密度】36针×37行=10cm²

【材　　料】灰白色段染腈纶毛线550g，红绿黑线各少许

编织要点：

1. 棒针编织法。

2. 下摆起织，环织，一圈起164针，起织花样A，不加减针，织18行，下一行起全织下针，不加减针，织78行至袖窿。袖窿起减针，将织片分成两半，每一半各82针，先编织前片，两边收针4针，然后2-1-20，当织成8行后，下一行中间收针10针，分成两半各自编织，袖窿继续减针，织成20行后，进入前衣领减针，2-2-6，与袖窿减针同步进行，直至余下1针。收针断线。相同的方法编织另一边。后片的编织。袖窿起减针与前片相同，减针织成40行后，余下34针后，收针断线。

3. 袖片的编织。袖口起织，起40针，起织花样A，织成18行后，分散加12针，织成52针，下一行起全织下针，并在袖侧缝上加针，10-1-6，织成60行后，不加减针再织18行，至袖窿减针，两边减针4针，然后2-1-20，织成40行，余下16针，收针断线。相同的方法去编织另一片袖片。将袖窿边线与衣身的袖窿边线对应缝合。

4. 最后沿着前后衣领边，挑出98针，起织花样A，织18行后，再织18行，折回衣领内缝合，形成双层衣领。再沿着前开襟，两边各挑针24针，起织下针，织8行后折回衣内缝合，再缝上拉链。最后在前片上用十字绣的方法绣上图案。

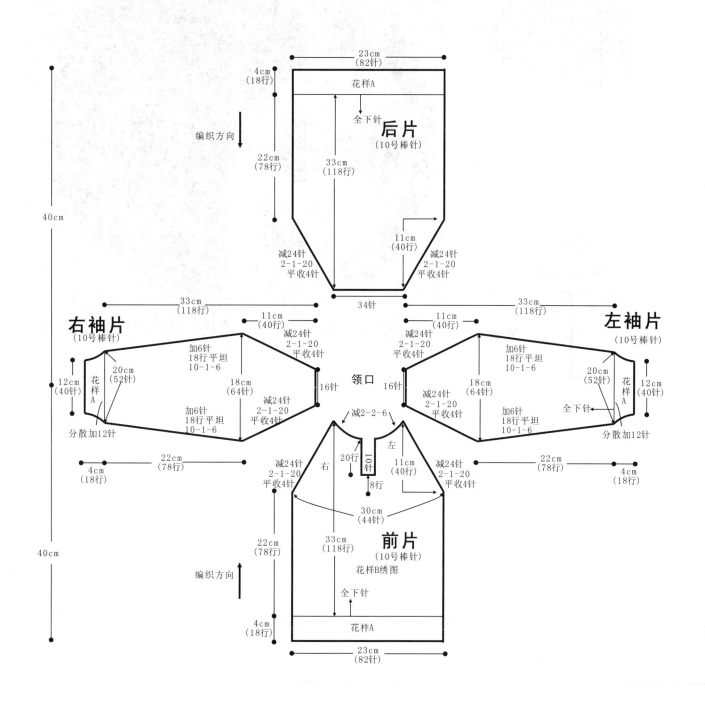

139

花样B

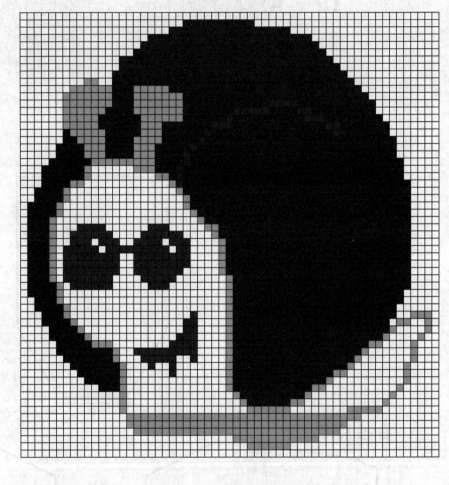

花样A (双罗纹)

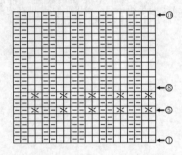

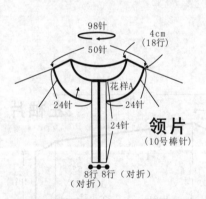

98针
4cm
(18行)
50针
花样A
24针   24针
24针   领片
(10号棒针)

8行 8行（对折）
（对折）

符号说明：

▢   上针

▢=▣   下针

2-1-3   行-针-次

↑   编织方向

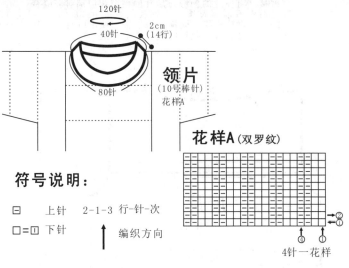

配色方块套头衫

【成品规格】 衣长43cm，胸宽19cm，袖长24cm

【工　　具】 10号棒针，1.5mm钩针

【编织密度】 33针×43行=10cm²

【材　　料】 蓝色腈纶棉线400g，白色线少许

编织要点：

1. 棒针编织法，横向与竖向编织而成。先编织前后片，再编织两侧袖片。最后编织下摆。

2. 先编织前后身片。分别编织。下摆起织，分别用蓝色线和白线各起28针，起织下针，不加减针，织34行后，再将两色线交替位置编织。不加减针，再织34行，如此重复颜色排列，织成136行后，进入前衣领减针，下一行中间收针24针，两侧减针，2-1-8，不加减织20行，至肩部，余下8针，收针断线。后片的编织。起针与方块配色编织与前片相同，当成168行后，下一行进入后衣领减针，2-1-2，织4行，两侧各余下8针，收针断线。将前后片的肩部针数对应缝合。

3. 前后片的编织。前片的编织，沿着前下摆片上侧边缘，挑出104针，起织花样D，不加减针织22行进入袖窿减针。前片分成两半，先编织左片，选取56针，中间的8针编织花样E单罗纹针，余下的继续编织花样D，并在左侧减针，收针12针，然后2-1-4，从袖窿起织成40行后，进入前衣领减针，收针8针，然后2-2-8，不加减再织20行，至肩部，余下16针，收针断线。右片的右侧48针编织花样D，在8针花样E的内侧挑出8针编织花样E，而右侧进行袖窿减针，减针方法与左片相同，织成40行后，前衣领减针，减针方法与左片相同，织至肩部余下16针，收针断线。后片的编织。同样在下摆片的上侧边缘挑出104针，不加减针织22行，然后袖窿减针，方法与前片相同，当织成袖窿算起72行的高度后，下一行中间收针36针，两边减针，减2-1-2，各减2针，两边肩部余下16针，收针断线。将前后片的侧缝对应缝合。

4. 袖片的编织。用蓝色线。沿着前后片两侧缝边，挑出260针，前后片分别是130针，起织花样B 织8行，然后根据花样C进行配色编织，织24行后，将近下摆这边的针数各收掉82针，作腋下侧缝缝合。余下前片48针，后片48针继续编织花样C编织的同时，在袖侧缝上进行减针编织，方法是不加减织10行后，6-1-13，织成88行，余下35针，在最后一行里，分散收针14针，余下56针，不加减织28行后收针断线。相同的方法编织另一侧袖片。将袖片腋下侧缝边与袖侧缝缝合。

5. 下摆的编织。沿着下摆边，挑出176针一圈，起织花样A双罗纹针，不加减针，编织20行的高度后，收针断线。再沿着前后衣领边，挑出120针，起织花样A，不加减针，织14行后，收针断线。最后在花样C所示的位置上，用蓝白线钩出一行的锁针辫子。衣服完成。

领片
（10号棒针）
花样A

120针
40针
2cm（14行）
80针

符号说明：

□ 上针　　2-1-3 行-针-次

□=Ⅰ 下针　　↑ 编织方向

花样A（双罗纹）

② ①
④ ①
4针一花样

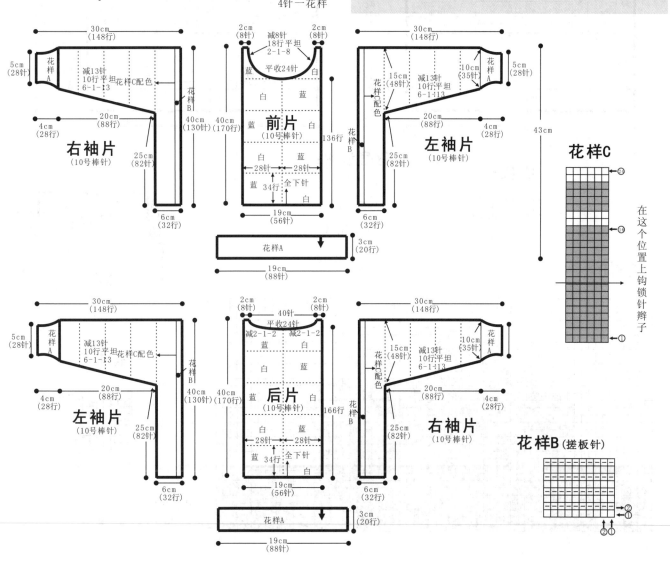

右袖片（10号棒针）
30cm（148行）
5cm（28针）花样A
减13针 10行平坦花样C配色 6-1-13
花样B
20cm（88行）
4cm（28针）
25cm（82针）
6cm（32行）
40cm（130针）

前片（10号棒针）
2cm（8针）　2cm（8针）
减8针 18行平坦 2-1-8
平收24针
蓝　白
白　蓝
28针　28针
白　蓝
蓝　白
34行　全下针
40cm（170针）
136行
19cm（56针）
花样B

左袖片（10号棒针）
30cm（148行）
10cm（35针）花样A
5cm（28针）
15cm（48针）花样C配色
减13针 10行平坦 6-1-13
20cm（88行）
4cm（28针）
25cm（82针）
6cm（32行）
43cm

花样C
② ①
⑩
在这个位置上钩锁针辫子

花样A
3cm（20行）
19cm（88针）

左袖片（10号棒针）
30cm（148行）
5cm（28针）花样A
减13针 10行平坦花样C配色 6-1-13
花样B
20cm（88行）
4cm（28针）
25cm（82针）
6cm（32行）
40cm（130针）

后片（10号棒针）
2cm（8针）　2cm（8针）
40针
平收24针
减2-1-2　减2-1-2
蓝　白
白　蓝
28针　28针
白　蓝
蓝　白
34行　全下针
40cm（170针）
166行
19cm（56针）
花样B

右袖片（10号棒针）
30cm（148行）
10cm（35针）花样A
5cm（28针）
15cm（48针）花样C配色
减13针 10行平坦 6-1-13
20cm（88行）
4cm（28针）
25cm（82针）
6cm（32行）

花样B（搓板针）
② ①
② ①

花样A
3cm（20行）
19cm（88针）

141

草帽图案毛衣

【成品规格】 衣长33cm，胸围29cm

【工　　具】 12号棒针

【编织密度】 30针×40行=10cm²

【材　　料】 红色毛线140g，咖啡色毛线120g，青灰色、黄色毛线40g

编织要点：

1.棒针编织法，由前片、后片编织而成，从下往上织起。
2.前片的编织。一片织成。起针，双罗纹起针法，青灰色线起88针，织花样A 织12行。下一行起，换咖啡色线织下针，织30行，第31行起从两侧换红色线编织花样B，织24行。下针共织64行的高度，至袖窿。袖窿起减针，两边同时减针，平收6针，减2-1-10，两边各减少16针。完成减针后再编织4行，开始编织花样C，织6行。前领减针，织成袖窿算起24行的高度时，中间平收26针，两边相反方向减针，减2-1-5，两边各余下15针，不加减针，再织22行的高度后，收针断线。
3.后片的编织。后片编织方法与前片完全相同，袖窿减针也与前片相同，减针不加减针织至后领高度时，进行后衣领减针，中间留34针不织，两边相反方向减针，减2-1-1，两边各余下10针，收针断线。
4.拼接，将前片的侧缝与后片的侧缝和肩部对应缝合。
5.最后沿着前后衣领边，青灰色线挑出136针，编织花样A，织10行，收针断线。同样，每侧袖口挑出114针，编织花样A，编织方法同领片，收针断线。衣服完成。

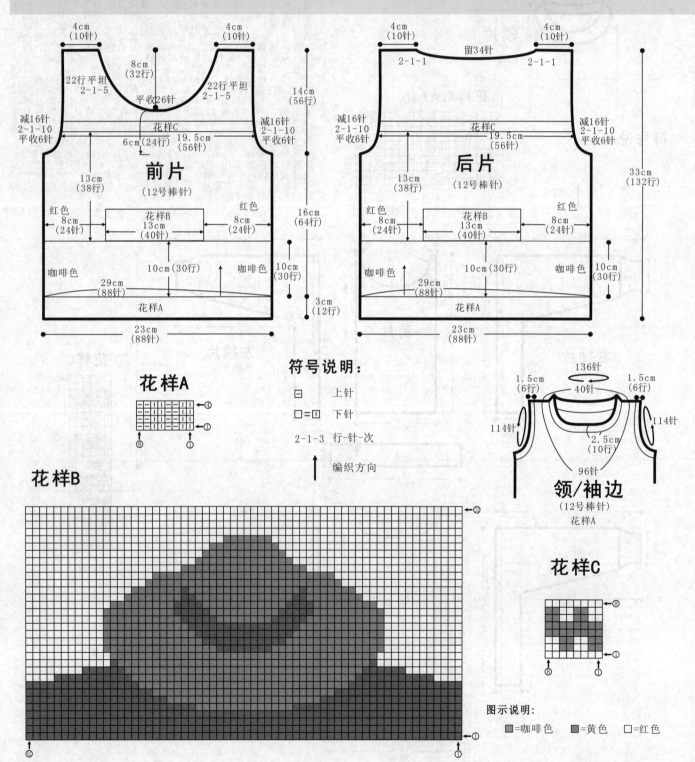

符号说明：

| □ | 上针 |
| □=□ | 下针 |

2-1-3 行-针-次

↑ 编织方向

花样A

花样B

领/袖边
（12号棒针）
花样A

花样C

图示说明：

■=咖啡色　■=黄色　□=红色

公主套头衫

【成品规格】 衣长35cm，胸宽28cm，袖长35cm

【工　　具】 13号棒针

【编织密度】 32针×36行=10cm²

【材　　料】 天蓝色锦线50g，蓝色100g，白色200g

编织要点：

1. 棒针编织法，衣身分为前片和后片来编织，从下往上编织。

2. 起织后片，双罗纹针起针法，起88针织花样A　蓝色线织12行后，改织花样B，织至32行，改为天蓝色线编织，织至52行，改为白色线编织，织至74行，两侧各平收4针，然后按2-1-26的方法减针织成插肩袖窿，织至126行，余下28针，收针断线。

3. 起织前片，双罗纹针起针法，起88针织花样A，蓝色线织12行后，改织花样B，织至32行，改为天蓝色线编织，织至52行，改为白色线编织，织至62行，织片中间织26针花样C，其余针数仍织花样B，织至74行，两侧各平收4针，然后按2-1-26的方法减针织成插肩袖窿，织至94行，第95行起全部织花样B，织至116行，织片中间平收14针，然后两侧按2-1-5的方法减针织成前领，织至126行，两侧各余下2针，收针断线。

4. 前片与后片的两侧缝缝合。

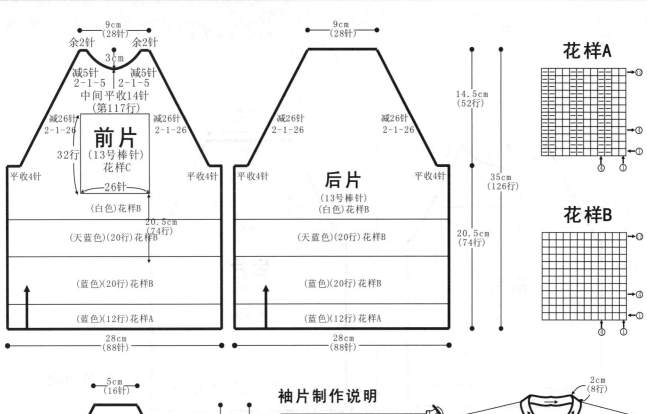

花样A

花样B

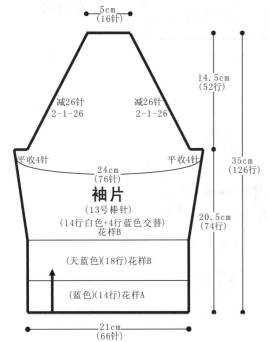

袖片制作说明

1. 棒针编织法，编织2片袖片。从袖口起织。

2. 双罗纹针起针法起66针，蓝色线织14行花样A　改为天蓝色线织花样B，两侧加针，方法为12-1-5，织至32行，为14行白色线与4行蓝色线交替编织，织至74行，两侧各平收4针，然后按2-1-26的方法插肩减针，织至126行，织片余下16针，收针断线。

3. 同样的方法编织另一袖片。

4. 缝合方法：将袖片两侧插肩分别与前后片插肩缝合。再将两袖侧缝对应缝合。

符号说明：

□　　上针

□=□　下针

2-1-3　行-针-次

↑　　编织方向

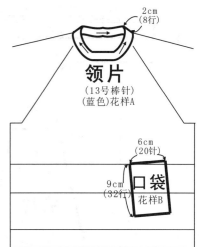

领片/口袋制作说明

1. 棒针编织法，蓝色线一片环形编织完成。

2. 挑织衣领，沿前后领口挑起94针，蓝色线编织花样A，织8行后，收针断线。

3. 编织口袋，起40针织，织花样B，2行白色2行蓝色线间隔编织，织32行后，收针，将袋底缝合，再将口袋两侧边缝合于衣身如图位置。

富贵唐装图案毛衣

【成品规格】 衣长长35cm，胸宽22cm，袖长33cm

【工 具】 11号棒针

【编织密度】 36针×40行=10cm²

【材 料】 深蓝色羊毛线320g，浅蓝色羊毛线220g，白色羊毛线50g

编织要点：

1. 棒针编织法，前、后身片、袖片分别编织而成。

2. 前片的编织。一片织成。起针，深蓝色线起88针，织花样A，织16行，第17行起加针至94针，然后织下针，织2行，第3行起，中间64针位置开始配色编织花样B，织88行，下针共织72行的高度，至袖窿。袖窿起减针，两边同时减6针，然后4-2-13，两边各减少30针，继续编织下针，织成袖窿算起40针的高度时，中间平收20针不织，两边相反方向减针，减2-1-5，然后不加减针再织2行，收针断线。

3. 后片的编织。起针、编织方法与前片相同，深蓝色线全织下针，不织图案，织72行后，开始袖窿减针，减针方法与前片相同，后衣领减针至26针时，收针断线。

4. 袖片的编织。从袖山起织，下针起针法，浅蓝色线起14针，全织下针，两侧同时加针，加4-2-13，平加6针，两边各加32针，袖壮加至78针，袖山织52行后开始袖片减针。两袖侧缝上同时减针，减8-1-5 6-1-4，两边各减少9针，袖片织64行至袖口，袖口收针至48针，织花样A袖口边，织16行，收针断线，相同的方法再编织另一边袖片。

5. 拼接。将前片的侧缝与后片的侧缝，前后片肩部与袖片对应缝合。

6. 衣领的编织。沿着前后衣领边，挑出126针，编织花样A，织10行后，收针断线。衣服完成。

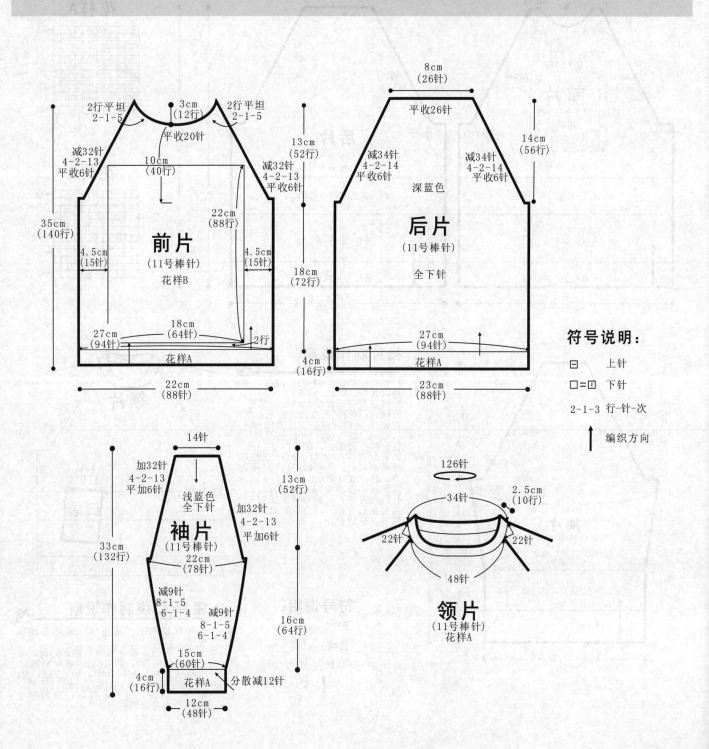

符号说明：

囗 上针

□=囯 下针

2-1-3 行-针-次

↑ 编织方向

花样B

花样A

图示说明：
□=深蓝色
▨=浅蓝色
■=白色

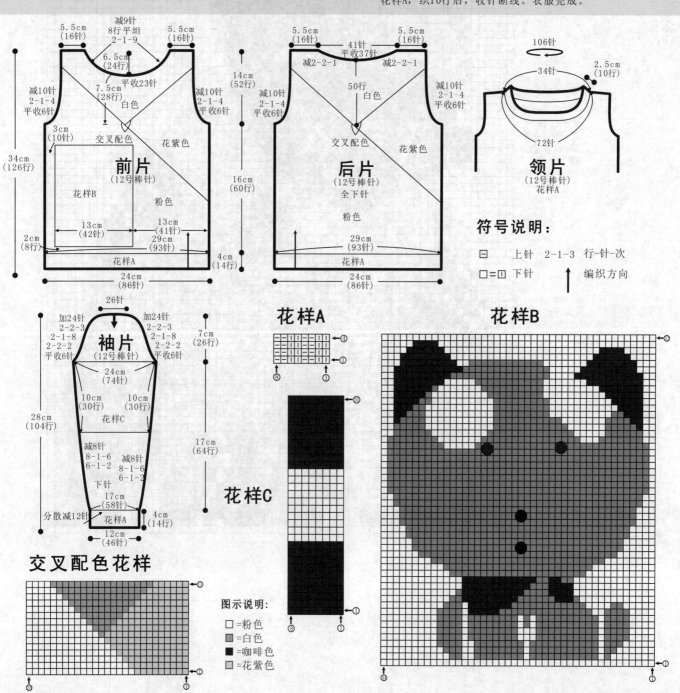

小熊图案毛衣

【成品规格】 衣长34cm，胸宽24cm，袖长28cm

【工　　具】 12号棒针

【编织密度】 32针×38行=10cm²

【材　　料】 粉色羊毛线380g，
白色羊毛线140g，
咖啡色羊毛线100g，
花紫色羊毛线80g

编织要点：

1. 棒针编织法，前、后身片、袖片分别编织而成。
2. 前片的编织。一片织成。起针，咖啡色起86针，起织花样A，织14行，第15行起换粉色织下针，编织8行，从第9行起一侧配色编织花样B，织50行；第27行起另一侧加入花紫色线交叉编织，两侧不加减针，织60行的高度，至袖窿，并在中间针位置加入白色线交叉编织。袖窿起减针，两边同时减针6针，然后2-1-4，两边各减少10针，继续编织，织成袖窿算起28行的高度时，中间平收23针不织，两边相反方向减针，减2-1-9，两边各余下16针，然后不加减针，再织8行的高度后，收针断线。
3. 后片的编织。起针及配色交叉编织方法与前片完全相同，不织图案，下针织60行后袖窿减针，减针也与前片相同，当织成袖窿算起50行的高度时，进行后衣领减针，中间留37针不织，两边相反方向减针，减2-2-1，织成2行，两边各余下16针。
4. 袖片的编织。从袖山起织，下针起针法，粉色线起26针，全织下针，两侧同时加针，加2-2-3，2-1-8，2-2-2，平加6针，两边各加24针，袖壮加至74针，袖山织26行后开始袖片减针，同时配色线编织花样C。两袖侧缝上同时减针，减8-1-6，6-1-2，两边各减少8针。袖片织64行至袖口，袖口收针至58针，换咖啡色线编织花样A袖口边，织14行，收针断线，相同的方法再编织另一边袖片。
5. 拼接，将前片的侧缝与后片的侧缝和肩部及袖片对应缝合。
6. 衣领的编织。沿着前后衣领边，咖啡色线挑出106针，编织花样A，织10行后，收针断线。衣服完成。

减9针
8行平坦
2-1-9

5.5cm
(16针)

6.5cm
(24行)

5.5cm
(16针)

7.5cm
(28行)
平收23针
白色

14cm
(52行)

减10针
2-1-4
平收6针

3cm
(10针)

交叉配色

花样B

花紫色

前片
(12号棒针)

花样B

粉色

34cm
(126行)

13cm
(42针)

13cm
(41针)

29cm
(93针)

2cm
(8行)

16cm
(60行)

花样A

4cm
(14行)

24cm
(86针)

5.5cm
(16针)

41针
平收37针

5.5cm
(16针)

减2-2-1

减2-2-1

50行
白色

减10针
2-1-4
平收6针

减10针
2-1-4
平收6针

交叉配色

花紫色

后片
(12号棒针)
全下针

粉色

29cm
(93针)

花样A

24cm
(86针)

106针

34针

2.5cm
(10行)

领片
(12号棒针)
花样A

72针

符号说明：

☐　上针　　2-1-3　行-针-次

☐=☒　下针　　　↑　编织方向

26针

加24针
2-2-3
2-1-8
2-2-2
平加6针

加24针
2-2-3
2-1-8
2-2-2
平加6针

7cm
(26行)

袖片
(12号棒针)

24cm
(74针)

10cm
(30行)

10cm
(30行)

花样C

28cm
(104行)

减8针
8-1-6
6-1-2

减8针
8-1-6
6-1-2

下针

17cm
(64行)

17cm
(58针)

分散减12针

花样A

4cm
(14行)

12cm
(46针)

花样A

花样C

花样B

交叉配色花样

图示说明：

☐=粉色
▨=白色
■=咖啡色
▤=花紫色

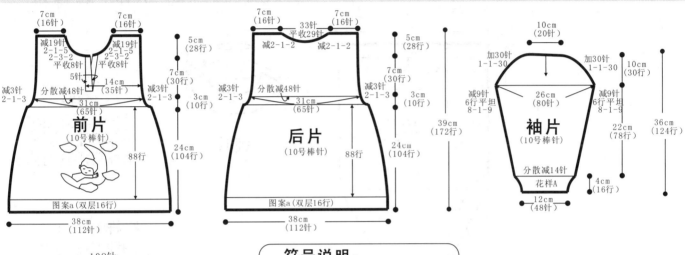

小女孩月亮装

【成品规格】衣长39cm，胸宽31cm，
衣宽35cm，袖长36cm

【工　　具】10号棒针

【编织密度】30针×40行＝10cm²

【材　　料】灰色粗腈纶毛线600g，白
色50g，黄色50g，其他各
色线少许，扣子6枚

编织要点：

1. 棒针编织法。由前片1片、后片1片和袖片组成。
2. 身片的编织。环织。下针起针法，起224针，起织下针环织，织图案a8行，对折缝合，下一行起织下针，织8行后织图案B，织88行后分前后片，且前后片两侧各减3针，2-1-3，织成6行后，分散收针48针，余下65针，前片织4行后分左右片。以中间5针为中心，往两侧各选30针，织30行后进入前衣领编织，平收8针，2-3-2，2-1-5至肩部余下16针，收针断线。再织右前片，织余下的30针后，在中间5针的前面挑出5针，共35针，继续编织下针，每6行留个扣眼，织30行后左侧减针，2-3-2，2-1-5.织28行后，余下16针，收针断线。分散收针48针，织54行后中间平收29针，领口两侧减针，2-1-2，织4行后收针断线。
3. 袖片的编织。从袖隆处挑针20针，每来回织，每行多挑1针，两侧各加30针，1-1-30，然后圈织，后在袖子合缝处两侧减针9针，不加减针织6行，然后8-1-9，织78行后分散减14针，并改织单螺纹花样，16行后余下48针，收针断线。相同的方法去编织另一只袖片。
4. 领子的编织。在领口处挑针，左右前片各挑36针，后领挑36针，起织单罗纹针，织4行改织下针10行，收针断线。钉好扣子，用白线绣上花纹，衣服完成。

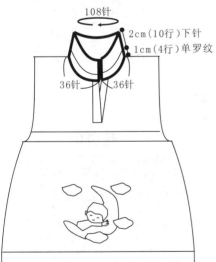

前片
(10号棒针)

7cm(16针)　7cm(16针)
减19针 2-1-5 2-3-2 平收8针 5针
减3针 2-1-3　分散减48针　减3针 2-1-3
14针(35针)
31cm(65针)
88行
图案a(双层16行)
38cm(112针)
5cm(28行)　7cm(30行)　3cm(10行)　24cm(104行)

后片
(10号棒针)

7cm(16针)　7cm(16针)
33针 平收29针
减2-1-2　减2-1-2
减3针 2-1-3　分散减48针　减3针 2-1-3
31cm(65针)
88行
图案a(双层16行)
38cm(112针)
5cm(28行)　7cm(30行)　3cm(10行)　24cm(104行)　39cm(172行)

袖片
(10号棒针)

10cm(20针)
加30针 1-1-30　加30针 1-1-30
26cm(80针)
减9针 6行平坦 8-1-9　减9针 6行平坦 8-1-9
分散减14针
花样A
12cm(48针)
10cm(30行)　22cm(78行)　4cm(16行)　36cm(124行)

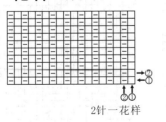

108针
2cm(10行)下针
1cm(4行)单罗纹
36针　36针

符号说明：

□	上针	2-1-3	行-针-次
□=□	下针	↑	编织方向

图案A

图案B

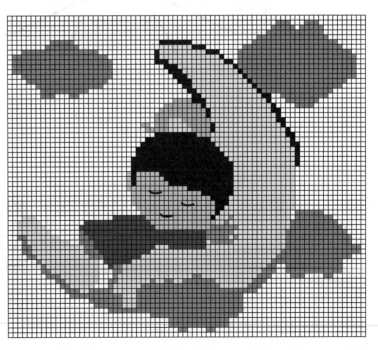

花样A(单罗纹)

②①
②①
2针一花样

147

小兔子紫色裙装

【成品规格】 衣长63.5cm，胸宽36cm，袖长20cm

【工　　具】 10号棒针

【编织密度】 33针×36行=10cm²

【材　　料】 紫色纯棉线300g，白色和天蓝色棉线各100g

编织要点：

1.棒针编织法，由前片1片、后片1片、袖片2片组成。从下往上织起。

2.前片的编织。一片织成。

(1)起针，下针起针法，起120针，编织花样A，不加减针，织8行的高度。

(2)袖窿以下的编织。第9行起，依照花样C配色进行编织。不加减针，织50行的高度后，再改织花样C配色，再织100行至袖窿。

(3)袖窿以上的编织。第159行时，两侧同时减针，2-2-20，2-1-8，两边各减少48针，当织成袖窿算起42行的高度时，下一行中间收针10针，两边减针，2-1-7，两边各余下1针，收针断线。

3.后片的编织。袖窿以下的编织与前片相同，袖窿起织成56行的高度后，余下24针，收针断线。

4.袖片的编织。袖片从袖口起织，下针起针法，起116针，起织花样A 织8行，下一行起。改用紫色线起织下针，不加减针织10行，下一行起，袖窿减针，2-2-20，2-1-8，织成56行后，余下20针，收针断线。

5.拼接，将前片的侧缝与后片的侧缝对应缝合，再将两袖片的袖山边线与衣身的袖窿边对应缝合。

6.领片的编织，用10号棒针织，沿着前后领边，挑出120针，起织花样B双罗纹针，共18行，收针断线，衣服完成。

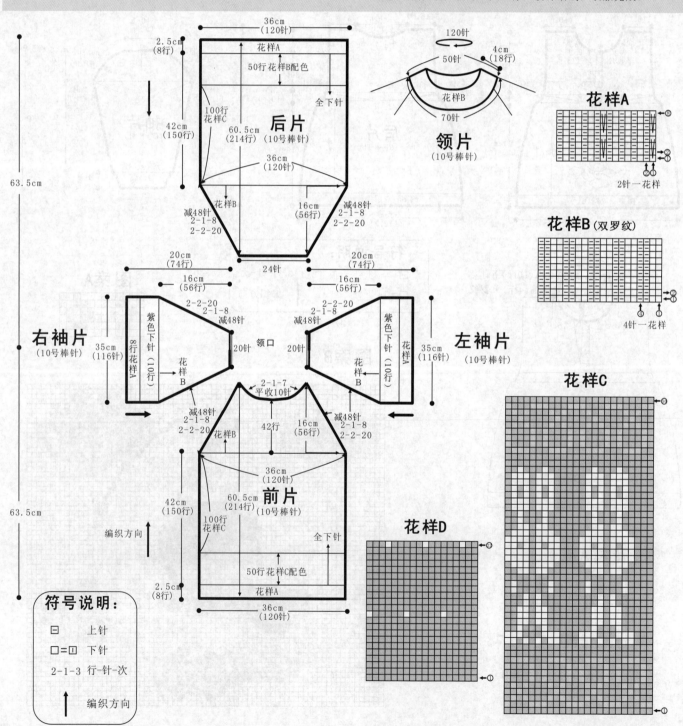

符号说明：

□ 　　 上针

□=□ 　下针

2-1-3 　行-针-次

↑ 　　 编织方向

蓝色小清新装

【成品规格】衣长33cm，胸宽30cm，袖长14cm

【工　　具】10号棒针

【编织密度】33针×45行＝10cm²

【材　　料】蓝色中粗腈纶毛线350g，白色100g，黑色少许

编织要点：

1. 棒针编织法。由前、后和袖片组成。
2. 身片的编织。环织。下针起针法，起224针，起织下针环织下针，织狗牙边。织8行下针，第9行2针并1针，加1针空针，第10行织回来以后再织8行下针，以第9行为中线对折，将每一针和起头的边一一对应挑起并织。织12行后织图案A，前后片两侧各减11针，6-1-11，织8行后前片织图案A，织74行后余180针分前后片，且前后片两侧收针织6针，然后织4-2-3，各减少12针。先织前片。织22行后开领子，左右侧各减11针，2-4-1，2-3-1，2-1-3，织32行后，肩部各余下16针，收针断线。再织后片，织50行后织领口，领口中间平收30针，两侧减4针，织4行后，肩部各余下16针，收针断线。
3. 袖片的编织。下针起针法，起74针，织双螺纹8行，改织下针，4行蓝色4行白色相间。织16行后两侧各减4针，4-1-4，织20行后收针断线。相同的方法去编织另一只袖片。将袖片袖山边缘收缩后与衣身的袖窿边线缝合。
4. 领子的编织。在领口处挑针，前片挑78针，后领挑38针，起织双罗纹针，织12行，收针断线。衣服完成。

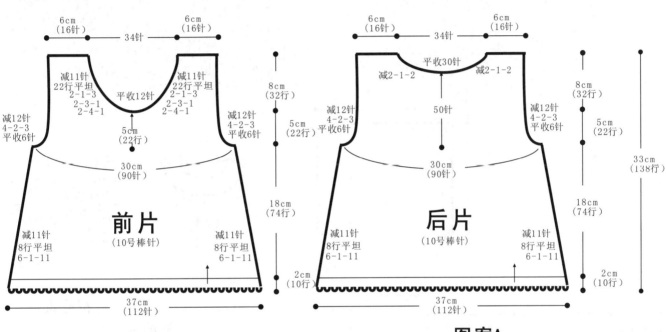

前片（10号棒针）

6cm（16针）　34针　6cm（16针）

减11针 22行平坦 2-1-3 2-3-1 2-4-1

平收12针

5cm（22行）

减12针 4-2-3 平收6针

30cm（90针）

8cm（32行）

18cm（74行）

减11针 8行平坦 6-1-11

2cm（10行）

37cm（112针）

后片（10号棒针）

6cm（16针）　34针　6cm（16针）

平收30针

减2-1-2

50针

减12针 4-2-3 平收6针

5cm（22行）

8cm（32行）

30cm（90针）

18cm（74行）

减11针 8行平坦 6-1-11

2cm（10行）

37cm（112针）

33cm（138行）

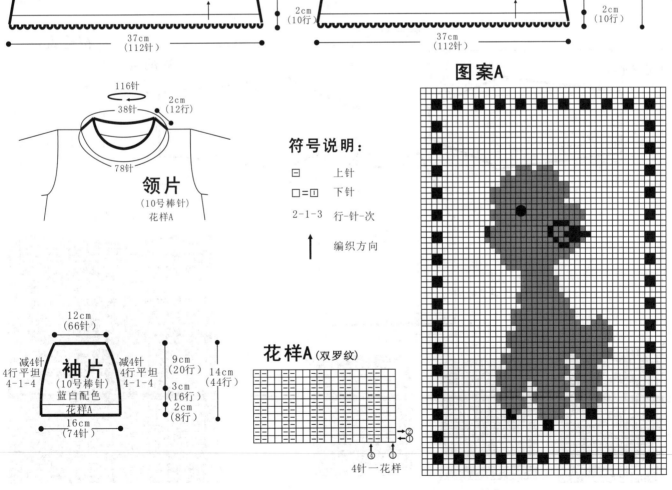

领片（10号棒针）花样A

116针

2cm（12行）

38针

78针

袖片（10号棒针）蓝白配色 花样A

12cm（66针）

减4针 4行平坦 4-1-4

减4针 4行平坦 4-1-4

9cm（20行）

3cm（16行）

2cm（8行）

14cm（44行）

16cm（74针）

图案A

符号说明：

□　上针

□＝① 下针

2-1-3 行-针-次

↑ 编织方向

花样A（双罗纹）

②
①

④ ①

4针一花样

149

复古唐装套头衫

【成品规格】 衣长33cm，胸宽30cm，袖长36cm

【工　具】 10号棒针

【编织密度】 29针×44行＝10cm²

【材　料】 红色腈纶棉线400g，黑色线80g

编织要点：

1.棒针编织法，由前片1片、后片1片、袖片2片组成。从下往上织起。

2.前片的编织。一片织成。

1.起针，下针起针法，用黑色线，起88针，起织下针，不加减，编织18行，折回衣内缝合成9行高度。

2.袖窿以下的编织。第19行起，用黑色线，全织下针，不加减针，编织26行的高度，再改用红色线编织44行的高度，至袖窿。此时衣身织成79行的高度。

3.袖窿以上的编织。第80行时，两侧同时减针，平收4针，然后4-2-13，织成袖窿算起的40行时，进行领边减针，织中间平收掉16针，然后两边每织2行减1针，共减6次，两边各余下1针，收针断线。

4.用下针绣图的方法，在前片的中间位置，绣上花样B中的图案，在下摆黑色织片上。分别绣上花样C中的图案。

3.后片的编织。袖窿以下织法与前片相同，袖窿起减针，方法与前片相同。当袖窿以上织成52行时，余下28针，将所有的针数收针。

4.袖片的编织。袖片从袖口起织，下针起针法，用黑色线，起56针，织下针，不加减针，往上织18行的高度，折回衣内缝合成9行高度，第19行起，全织下针，两边袖侧缝进行加针，每5行加1针，共加14次，织成14行后，改用红色线编织，加针再织44行后，至袖窿。下一行起进行袖山减针，两边同时减针，减针方法与衣身的减针方法相同，最后余下14针，收针断线。相同的方法去编织另一袖片。

5.拼接，将前片的侧缝与后片的侧缝对应缝合，再将两袖片的袖山边线与衣身的袖窿边对应缝合。

6.领片的编织，用10号棒针织，沿着前后领边，挑出88针，起织花样A 共10行，完成后收针断线，衣服完成。

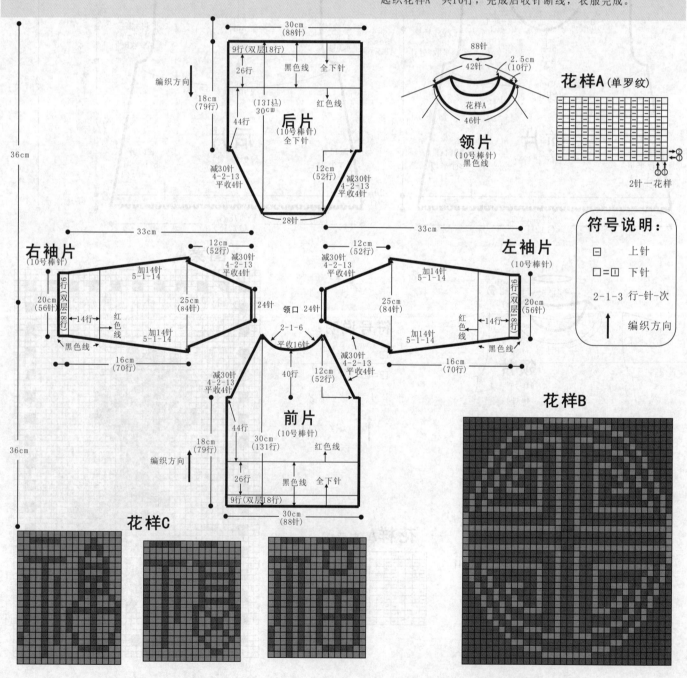

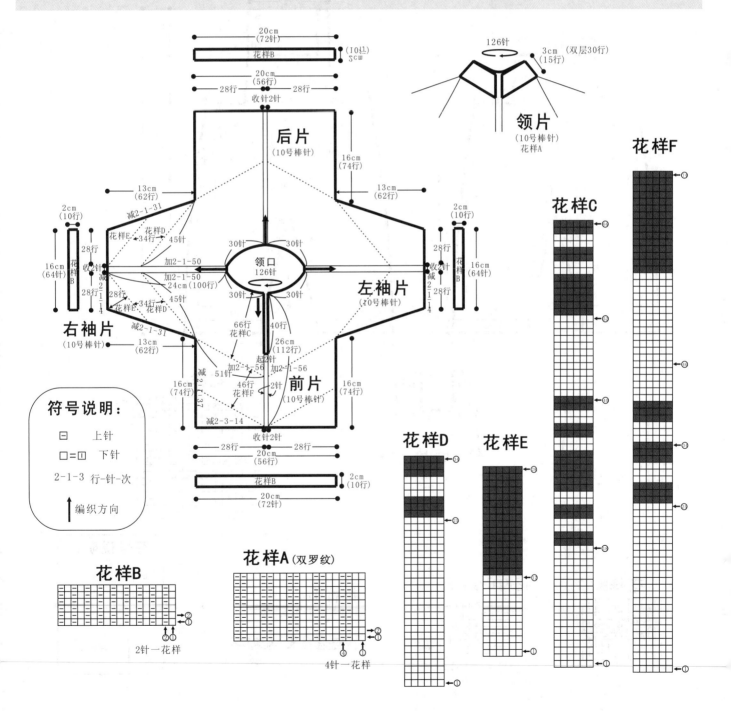

菱形配色套头衫

【成品规格】 衣长30cm，胸宽20cm，袖长15cm

【工　　具】 10号棒针

【编织密度】 36针×43行＝10cm²

【材　　料】 白色腈纶棉线300g，棕色线150g

编织要点：

1.棒针编织法，从领口往下织。

2.领口起织，起126针，起织下针，并参照花样C配色，来回编织。每隔30针跳过2针再编织30针。如结构图所示分配针数，在2针的两边进行加针。往前后片方向，至衣摆的加针是2-1-56，往袖片方向，至袖口的加针是2-1-50，前片织成40行时，在结束一行的编织后，用单起针法，起2针，将片织改成环织。继续编织成66行的花样C配色下针，至袖襱。下一行分配针数。前片和后片的针数相同。除了中间的2针两侧各留51针，袖片各留45针。先编织前片，前片侧缝上进行减针编织，2-1-37，并依照花样F进行配色编织。前片中间继续加针。加针织成46行后，开始往衣角方向减针，方法是2-3-14，织成28行，衣角余下1针，收针断线。相同的方法再编织另一边衣角。

3.袖片的编织。袖片除了中间的2针，两边各留45针，依照花样D配色编织，袖侧缝上进行减针编织，2-1-31，袖片中间2针两边加针，织成34行的花样D后，停止加针，往袖角减针编织，方法是2-1-14，余下1针，收针断线。相同的方法去编织另一侧袖角花样。再用相同的方法去编织另一侧袖片。

4.领片的编织。沿着前后衣领边，挑出126针，用白色线，起织花样A双罗纹针，来回编织，不加减针，织30行后，折回衣内缝合。完成后，在前开襟上缝上拉链。最后沿着衣身下摆边，挑出144针，用白色线，起织花样B单罗纹针，不加减针，织10行。袖口挑64针，织10行后收针断线。衣服完成。

符号说明：

□ 上针

□=□ 下针

2-1-3 行-针-次

↑ 编织方向

151

咖啡色连体裤

【成品规格】 衣长50.5cm，胸宽36cm

【工 具】 10号棒针

【编织密度】 30针×42行=10cm²

【材 料】 咖啡色棉绒线400g，蓝色和白色线各50g

编织要点：

1.棒针编织法，从两个裤管起织，再并为一片编织裤身。

2.裤管的编织。分两个单独编织。下针起针法，起90针，首尾连接，环织。起织花样A，织成18行后对折缝合。下一行起全织下针，先依照花样B配色，织成9行后全用红色线编织下针。并选定2针进行加针，在这2针上，分别是6-1-8加针，织成48行，再织2行后，开始开裆编织，先加针的2针为中心，向两边各选2针，共6针，在这6针上，分成两层挑出编织花样C搓板针。来回编织，不加减针，编织40行的高度后，暂停编织。裤管在编织花样B后，再织78行红色线，下一行时依照结构图列的色线进行配色编织。相同的方法去编织另一只裤管。完成后，将两只裤管的花样C部分。分前片拼合和后片拼合。连成一圈作裤身编织。继续编织下针。并依照结构图进行配色编织。完成配色编织后，再织10行下针。下一行分成前片与后片，前片留56针继续编织，后片中间留56针，这两部分中间留下的50针，单独编织，再编织10行下针后，折回衣内进行缝合。形成的管道穿入松紧带。继续将56针编织，两侧减针，4-1-8，织成32行后，余下40针，收针断线。后片织法，32行以前相同，完成后中间收针30针，两侧各余下5针继续编织下针。再织32行后，收针断线。

3.前胸片衣边的编织。前片沿着衣边，挑针起织花样D配色单罗纹，不加减针，编织6行的高度。后片不配色，全用红色线编织。织成6行后，收针断线。

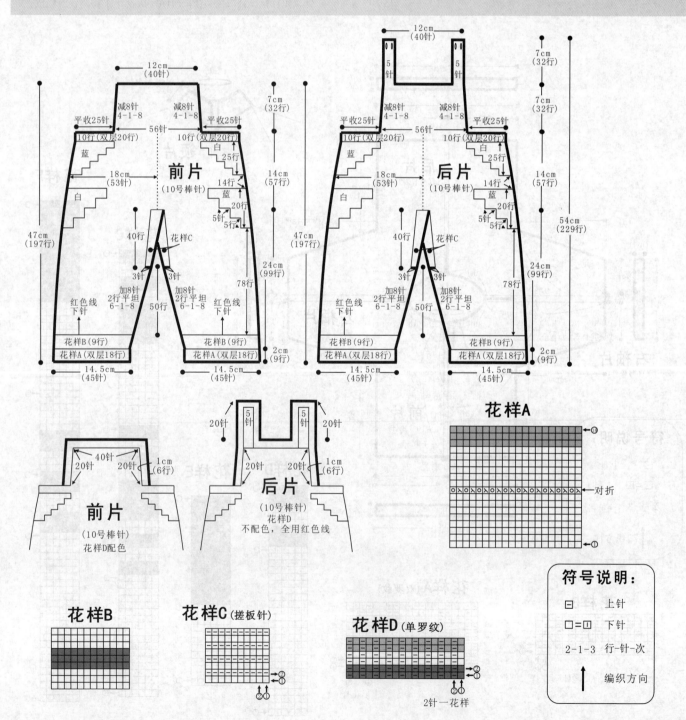

152

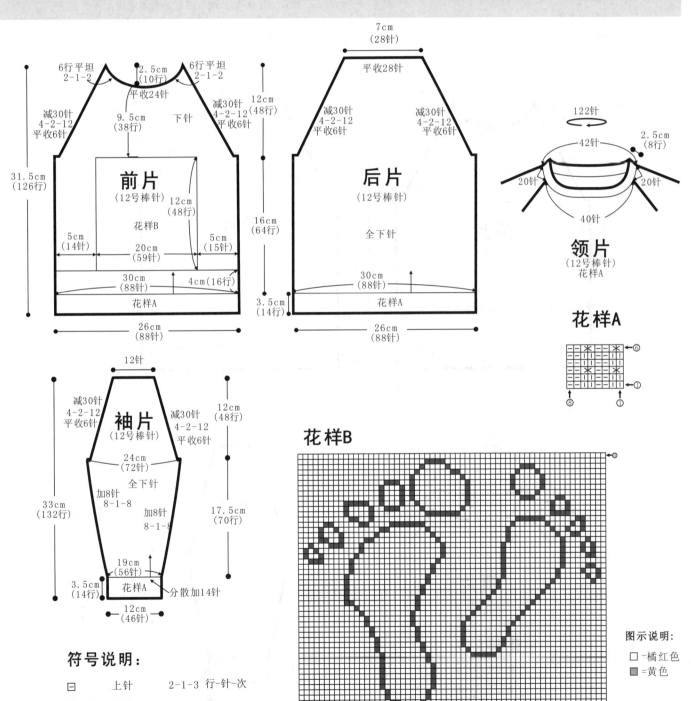

小脚丫图案毛衣

【成品规格】衣长31.5cm，胸宽26cm，
袖长33cm

【工　　具】12号棒针

【编织密度】30针×40行=10cm²

【材　　料】浅蓝色羊毛线600g，黄色
羊毛线10g

编织要点：

1. 棒针编织法，前、后身片、袖片分别编织而成。
2. 前片的编织。一片织成。起针，起88针，织花样A，织14行，第15行起织下针，织16行，第17行起中间位置59针处开始编织花样B，织48行，下针共织64行的高度，至袖窿。袖窿起减针，两边同时减6针，然后4-2-12 两边各减少30针，继续编织下针，织成袖窿算起28行的高度时，中间平收24针不织，两边相反方向减针，减2-1-2 然后不加减针再织6行，收针断线。
3. 后片的编织。起针与前片相同，全织下针，不织图案，下针共织64行，开始袖窿减针，减针与前片相同，后衣领减针至28针时，收针断线。
4. 袖片的编织。从袖口起织，起46针，起织花样A，织14行，下一行起，编织下针，并在两袖侧缝上进行加针，加8-1-8织成70行，至袖山减针，两侧同时收针，收6针，然后4-2-12，两边各减少30针，余下12针，收针断线，相同的方法再编织另一边袖片。
5. 拼接，将前片的侧缝与后片的侧缝，前后片肩部与袖片对应缝合。
6. 衣领的编织。沿着前后衣领边，挑出122针，编织花样A，织8行后，收针断线。衣服完成。

前片

6行平坦
2-1-2
2.5cm
(10行)
6行平坦
2-1-2
平收24针
减30针
4-2-12
平收6针
9.5cm
(38行)
下针
12cm
(48行)
减30针
4-2-12
平收6针
31.5cm
(126行)

前片
(12号棒针)

12cm
(48行)
花样B
5cm
(14针)
20cm
(59针)
5cm
(15针)
16cm
(64行)
30cm
(88针)
4cm(16行)
花样A
26cm
(88针)

后片

7cm
(28针)
平收28针
减30针
4-2-12
平收6针
减30针
4-2-12
平收6针
12cm
(48行)

后片
(12号棒针)

16cm
(64行)
全下针
30cm
(88针)
3.5cm
(14行)
花样A
26cm
(88针)

领片

122针
42针
2.5cm
(8行)
20针
20针
40针

领片
(12号棒针)
花样A

花样A

袖片

12针
减30针
4-2-12
平收6针
减30针
4-2-12
平收6针
24cm
(72针)
全下针
加8针
8-1-8
加8针
8-1-8
33cm
(132行)
12cm
(48行)
17.5cm
(70行)
19cm
(56针)
3.5cm
(14行)
花样A
分散加14针
12cm
(46针)

袖片
(12号棒针)

花样B

符号说明：

□　上针　　2-1-3　行-针-次

□=□　下针

⊠　左上1针交叉　↑编织方向

图示说明：

□=橘红色
▨=黄色

153

笑脸米奇装

【成品规格】衣长33cm，胸宽29cm，袖长35cm

【工　　具】11号棒针

【编织密度】31针×38行＝10cm²

【材　　料】红色羊毛线260g，灰色羊毛线260g，黑色羊毛线100g，白色羊毛线3g

编织要点：

1. 棒针编织法，前、后身片、袖片分别编织而成。
2. 前片的编织。一片织成。起针，黑色线起88针，织花样A，织16行，第17行起换红色并加针至92针，然后织下针，织10行，第11行起，中间60针位置开始配色织花样B，下针共织60行的高度，至袖隆。袖隆起减针，两边同时减6针，然后2-1-26，继续编织下针，织成袖隆算起32针的高度时，中间平收20针不织，两边相反方向减针，减2-1-4，然后不加减针再织4行，收针断线。
3. 后片的编织。起针与前片相同，全织下针，下针起换红色线，不织图案，开始袖隆减针，减针与前片相同，后衣领减针至24针时，收针断线。
4. 袖片的编织。从袖山起织，下针起针法，灰色线起16针，配色线织花样C，两侧同时加针，加2-1-28，平加6行，两边各加34针，袖壮加至84针，袖山织56行后开始袖片减针。两袖侧缝上同时减针，织8-1-5，4-1-6　两边各减少11针，织64行至袖口，袖口收针至48针，织花样A袖口边，织14行，收针断线，相同的方法再编织另一边袖片。
5. 拼接，将前片的侧缝与后片的侧缝，前后片肩部与袖片对应缝合。
6. 衣领的编织。沿着前后衣领边，黑色线挑出126针，编织花样A，织10行后，收针断线。衣服完成。

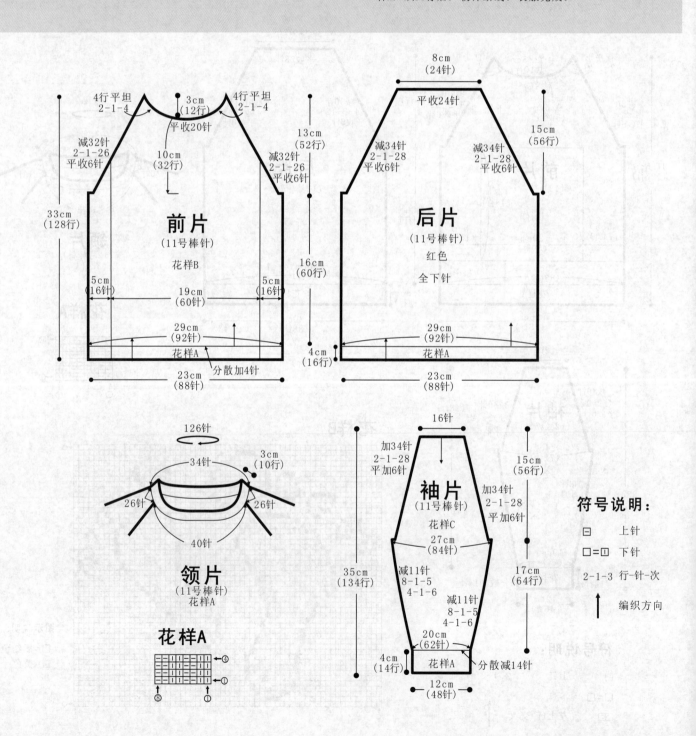

154

花样B

图示说明:

□ =红色
▨ =白色
■ =黑色

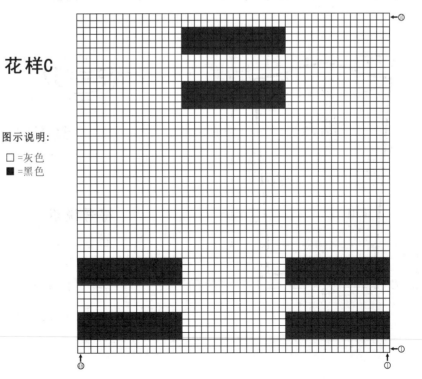

花样C

图示说明:

□ =灰色
■ =黑色

米字图案装

【成品规格】 衣长37cm，胸宽31cm，袖长36cm

【工　　具】 8号棒针，10号棒针

【编织密度】 16针×27行=10cm²

【材　　料】 灰色奶棉绒线线400g，红色和白色各线80g

编织要点：

1. 棒针编织法，由前片、后片和2个袖片组成。
2. 前片的编织。双罗纹起针法，用灰色线，起68针，起织花样A，不加减针，编织20行的高度，在最后一行里，分散收针19针，针数减成49针，下一行起，依照花样B图案编织。不加减针，编织50行的高度，至袖窿，袖窿起减针，两边减针，4-2-3，两侧各减少6针，当织成袖窿算起22的高度时，下一行进行前衣领减针，中间收针11针，两侧各自减针，方法是2-2-4，2-1-2，再织2行后，至肩部，余下3针，收针断线。
3. 后片的编织。袖窿以下的织法与前片相同，但织完衣摆后，全用灰色线编织下针，无图案编织。袖窿起减针，减针方法与前片相同。当织成袖窿算起32行的高度时，下一行后衣领减针，中间收针27针，两侧减针，2-1-2，至肩部余下3针，收针断线。将前后片的肩部与侧缝对应缝合。
4. 袖片的编织。双罗纹起针法，起46针，起织花样A双罗纹针，不加减针，编织24行，下一行起全织下针，并在袖侧缝上进行加针，6-1-8，不加减针，再织10行后至袖窿，袖窿起减针，两侧2-2-7，织成14行，余下24针，收针断线。
5. 领片的编织。沿着前后衣领边，挑出100针，起织花样A双罗纹针，不加减针，编织10行的高度后，收针断线。衣服完成。

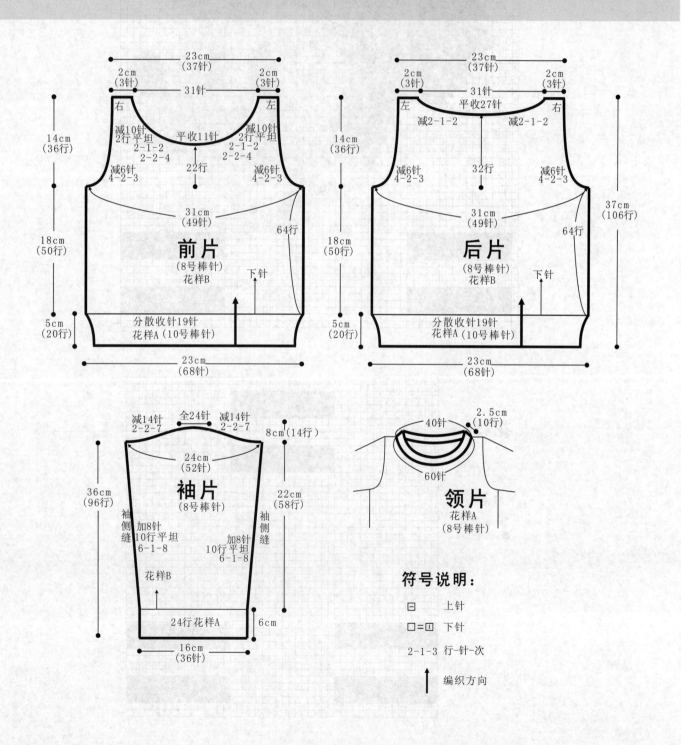

符号说明：

$\square$　上针

$\square = \boxdot$　下针

2-1-3　行-针-次

↑　编织方向

花样A _(双罗纹)

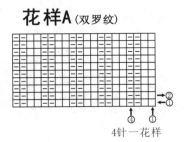

4针一花样

花样B

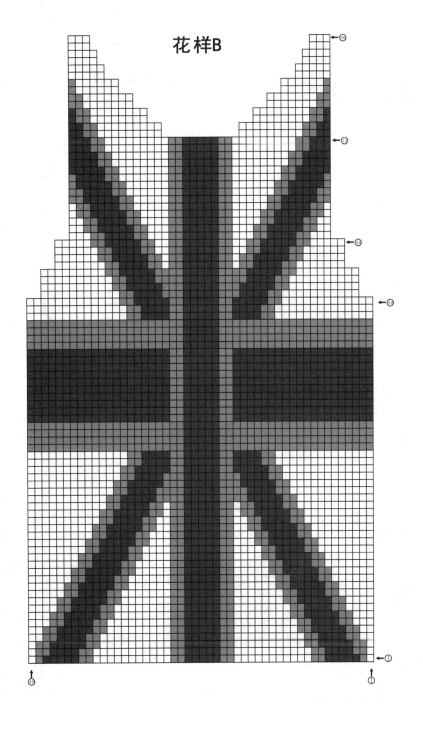

插肩袖特色装

【成品规格】 衣长34cm，胸宽30cm，袖长35.5cm

【工　　具】 12号棒针

【编织密度】 31针×40行=10cm²

【材　　料】 灰色羊毛线600g　粉红色羊毛线5g　白色、黑色各3g

编织要点：

1.棒针编织法，前、后身片、袖片分别编织而成。

2.前片的编织。一片织成。起针，粉红色线起68针，织下针，两侧同时加针，加2-1-10　两边各加10针，然后织21行，第22行起右侧位置开始编织花样B，织27行，下针共织64行的高度，至袖窿。袖窿起减针，两边同时织4针，然后2-1-28　两边各减少32针，继续编织下针，织成袖窿算起34行的高度时，中间平收16针不织，袖窿相反方向减针，减2-1-1然后不加减针再织16行，收针断线。沿下边挑织88针花样A织20行，收针断线。

3.后片的编织。起针与前片相同，全织粉红色线下针，不织图案，下针共织64行，开始袖窿减针，减针与前片相同，后衣领减针至28针时，收针断线。挑边与前边相同。

4.袖片的编织。从袖山起织，下针起针法，灰色线起14针，两侧同时加针，加2-1-28，平织4行，两边各加32针，袖壮加至78针。两袖侧缝上同时减针，减8-1-3，4-1-10　两边各减少13针，织66行至袖口，袖口收针至52针，在最后一行里，分散收针4针。编织花样C袖口边，织14行，收针断线，相同的方法再编织另一边袖片。

5.拼接，将前片的侧缝与后片的侧缝、前后片肩部与袖片对应缝合。

6.衣领的编织。沿着前后衣领边，灰色线挑出118针，编织花样C，织10行，第11行起收针，余出后领27针继续编织花样C，两侧同时减针，减2-1-12　两边各减12针，最后余3针编织下针，织12行，收针断线，与绒球连接。衣服完成。

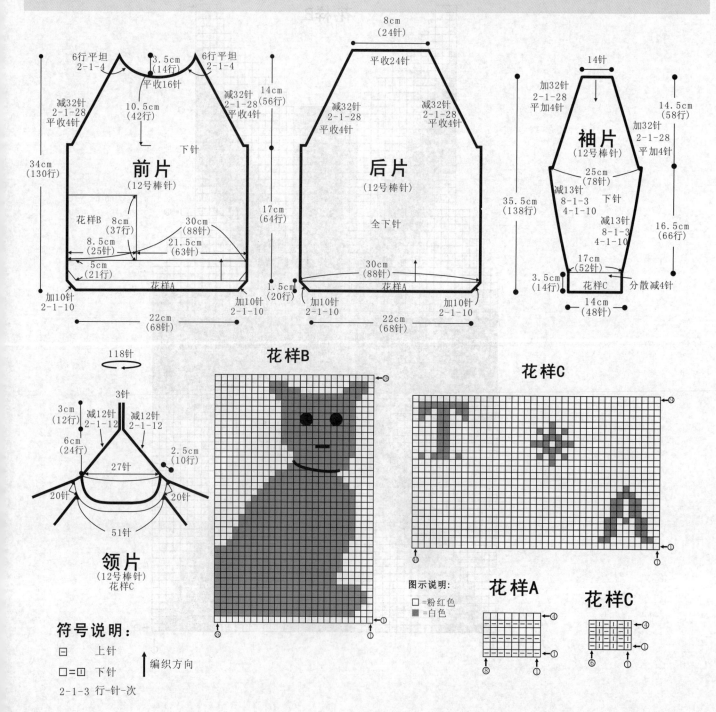

前片
（12号棒针）

6行平坦 2-1-4
3.5cm（14行）
平收16针
6行平坦 2-1-4
减32针 2-1-28 平收4针
10.5cm（42行）
14cm（56行）
下针
减32针 2-1-28 平收4针
34cm（130行）
17cm（64行）
花样B
8cm（37行）
8.5cm（25针）
30cm（88针）
21.5cm（63针）
5cm（21行）
花样A
1.5cm（20行）
加10针 2-1-10
加10针 2-1-10
22cm（68针）

后片
（12号棒针）

8cm（24针）
平收24针
减32针 2-1-28 平收4针
减32针 2-1-28 平收4针
全下针
17cm（64行）
30cm（88针）
花样A
加10针 2-1-10
加10针 2-1-10
22cm（68针）

袖片
（12号棒针）

14针
加32针 2-1-28 平加4针
14.5cm（58行）
加32针 2-1-28 平加4针
25cm（78针）
下针
减13针 8-1-3 4-1-10
减13针 8-1-3 4-1-10
35.5cm（138行）
16.5cm（66行）
17cm（52针）
3.5cm（14行）
花样C
分散减4针
14cm（48针）

领片
（12号棒针）
花样C

118针
3针
3cm（12行）
减12针 2-1-12
减12针 2-1-12
6cm（24行）
27针
2.5cm（10行）
20针
20针
51针

花样B

花样C

图示说明：
□=粉红色
■=白色

花样A

花样C

符号说明：

□　上针

□=□　下针

2-1-3　行-针-次

↑ 编织方向

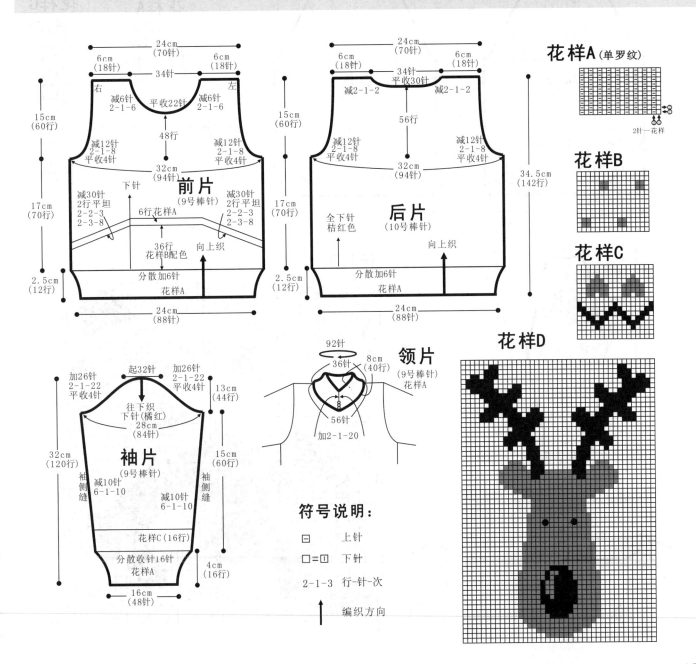

精致小山羊装

【成品规格】衣长34.5cm，胸宽32cm，袖长32cm

【工　　具】9号棒针

【编织密度】29针×40行=10cm²

【材　　料】橘红色棉绒线线350g，白色线80g，棕色50g，黑色少许，扣子6枚

编织要点：

1. 棒针编织法，由前片1片、前口袋1片、后片1片、袖片2片组成。从下往上织起。

2. 前片的编织。单罗纹起针法，起88针，起织花样A单罗纹，不加减针，编织12行的高度后，在最后一行里，分散加针6针，针数加成94针，下一行起全织下针，不加减针，织70行至袖窿，在织成花样B图案。袖窿起减针，两侧减针4针，然后2-1-8，当织成袖窿算起48行的高度时，下一行中间收针22针，两侧减针织衣领边，2-1-6，织成12行后，至肩部，余下18针，收针断线。单独编织一个口袋，起94针，依照花样B配色编织，织下针，织成12行后，两侧减针，2-3-8，2-2-3，再织2行后，暂停编织，另用线沿着两侧减针边，挑针起织花样A，沿着口袋上侧边挑针编织花样A，不加减针，编织6行的高度后，收针断线。

3. 后片的编织。袖窿以下与前片完全相同，袖窿减针，方法与前片完全相同，减针织56行后，下一行中间收针30针，两侧减针，2-1-2，两肩部各下收18针，收针断线。

4. 袖片的编织。袖片从袖肩起织，下针起针法，起32针，两侧加针，2-1-22，织成44行后，两侧用单起针法，起4针，织袖针数加成84针，下一行起，进行袖侧缝减针，6-1-10，减10针，织成60行的高度后，最后16行编织花样C配色图案。在最后一行里，分散收针16针，针数余下48针，起织花样A单罗纹针，不加减针，织16行的高度后，收针断线。相同的方法去编织另一袖片。

5. 拼接，将前片与口袋的侧边重叠，然后与后片的侧缝对应缝合，将前后片的肩部对应缝合，再将两袖片的袖山边线与衣身的袖窿边对应缝合，最后将袖侧缝缝合。

6. 领片的编织。沿着前后衣领边，挑出92针，起织花样A，在前片的中间1针的两侧上，进行加针编织，2-1-20，织成40行后，收针断线。衣服完成。

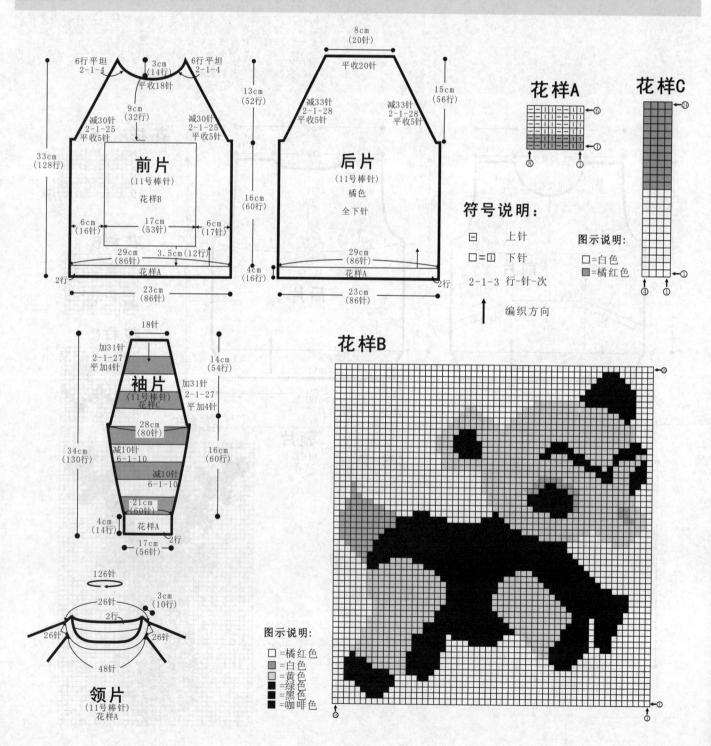

小狗图案毛衣

【成品规格】衣长33cm，胸宽29cm，袖长34cm

【工　　具】11号棒针

【编织密度】29针×38行=10cm²

【材　　料】橘红色羊毛线260g，白色羊毛线260g，黄色羊毛线10g，绿色羊毛线10g，黑色、咖啡色羊毛线各5g

编织要点：

1. 棒针编织法。前、后身片、袖片分别编织而成。
2. 前片的编织。一片织成。橘红色起针，起86针，织花样A，织2行，第3行换白色线编织，织14行，第17行起加针至86针，织下针，织12行，第13行起，中间53针位置开始配色织花样B，下针共织60行的高度，至袖窿。袖窿起减针，两边同时减5针，然后2-1-25，两边各减少30针，继续编织下针，织成袖窿算起32行的高度时，中间平收18针不织，两边相反方向减针，减2-1-4，然后不加减针再织6行，收针断线。
3. 后片的编织。起针与前片相同，全织下针，下针起换橘红色，不织图案，下针共织60行，开始袖窿减针，减针与前片相同，后衣领减针至20针时，收针断线。
4. 袖片的编织。从袖山起织，下针起针法，白色线起18针，配色线织花样C，两侧同时加针，加2-1-27，平加4针，两边各加31针，袖壮加至80针，袖山织54行后开始袖片减针。两袖侧缝上同时减针，减6-1-10，两边各减少10针，织60行至袖口，袖口收针至56针，织花样A袖口边，织14行，第15行换橘红色线，织2行，收针断线，相同的方法再编织另一边袖片。
5. 拼接，将前片的侧缝与后片的侧缝，前后片肩部与袖片对应缝合。
6. 衣领的编织。沿着前后衣领边，白色线挑出126针，编织花样A，织8行，换橘红色织2行后收针断线。衣服完成。

前片
（11号棒针）
花样B

6行平坦 2-1-4　3cm(14行)　平收18针　6行平坦 2-1-4
减30针 2-1-25 平收5针　9cm(32行)　减30针 2-1-25 平收5针
6cm(16针)　17cm(53针)　6cm(17针)
29cm(86针)　3.5cm(12行)
花样A
2行
23cm(86针)
33cm(128行)　13cm(52行)　16cm(60行)　4cm(16行)

后片
（11号棒针）
橘色
全下针

8cm(20针)
平收20针
减33针 2-1-28 平收5针　减33针 2-1-28 平收5针
15cm(56行)
29cm(86针)
花样A
2行
23cm(86针)

袖片
（11号棒针）
花样C

18针
加31针 2-1-27 平加4针　加31针 2-1-27 平加4针
14cm(54行)
28cm(80针)
减10针 6-1-10　减10针 6-1-10
21cm(60针)
4cm(14行)
花样A
2行
17cm(56针)
34cm(130行)　16cm(60行)

领片
（11号棒针）
花样A

126针
26针　3cm(10行)
2行
26针　26针
48针

花样A

花样C

符号说明：

□ 上针
□=1 下针
2-1-3 行-针-次

↑ 编织方向

图示说明：
□=白色
■=橘红色

花样B

图示说明：
□=橘红色
■=白色
□=黄色
■=绿色
■=黑色
■=咖啡色

白色海豚图案毛衣

【成品规格】 衣长34cm，胸宽27cm，袖长29cm

【工　　具】 12号棒针

【编织密度】 36针×42行=10cm²

【材　　料】 深蓝色羊毛线480g，浅蓝色羊毛线80g，白色羊毛线60g

编织要点：

1. 棒针编织法，前、后身片、袖片分别编织而成。
2. 前片的编织。一片织成。起针，浅蓝色起92针，起织花样A，织14行，第15行起织下针，从第7行起配色编织花样B，两侧不加减针，织70行的高度，至袖隆。袖隆起减针，两边同时减5针，然后2-1-6 两边各减少11针，继续编织，织成袖隆算起30行的高度时，中间平收22针不织，两边各减少11针，织2-1-8，两边各余下16针，然后不加减针，再织8行的高度后，收针断线。
3. 后片的编织。深蓝色线编织，起针与前片相同，不织图案，下针织70行后袖隆减针，减针与前片相同，当织成袖隆算起56行的高度时，进行后衣领减针，中间留34针不织，两边相反方向减针，减2-2-1，织成2行，两边各余下16针，收针断线。
4. 袖片的编织。从袖山起织，下针起针法，深蓝色线起26针，全织下针，两侧同时加针，加2-2-2，2-1-14，2-2-2平加5针，两边各加到80针，袖壮加到27针，袖山织36行后开始袖片减针。两袖侧缝上同时减针，减8-1-8，两边各减少8针，袖片减织28行后，配色线编织花样C。袖片织70行至袖口，袖口收针至54针，织花样A袖口边，织14行，收针断线，相同的方法再编织另一边袖片。
5. 拼接，将前片的侧缝与后片的侧缝和肩部及袖片对应缝合。
6. 衣领的编织。沿着前后衣领边，深蓝色线挑出106针，编织花样A，织10行后，收针断线。缝好花样B中的点缀线。衣服完成。

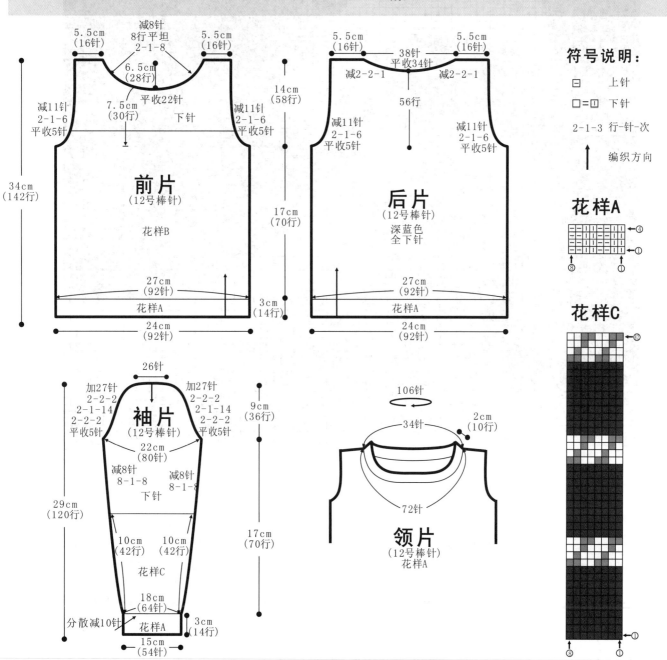

前片（12号棒针）花样B
- 5.5cm（16针）
- 减8针 8行平坦 2-1-8
- 6.5cm（28行）
- 5.5cm（16针）
- 平收22针
- 7.5cm（30行）
- 下针
- 减11针 2-1-6 平收5针
- 34cm（142行）
- 14cm（58行）
- 17cm（70行）
- 27cm（92针）
- 花样A
- 24cm（92针）
- 3cm（14行）

后片（12号棒针）深蓝色 全下针
- 5.5cm（16针）
- 38针 平收34针
- 5.5cm（16针）
- 减2-2-1
- 56行
- 减11针 2-1-6 平收5针
- 27cm（92针）
- 花样A
- 24cm（92针）

袖片（12号棒针）
- 26针
- 加27针 2-2-2 2-1-14 2-2-2 平收5针
- 9cm（36行）
- 22cm（80针）
- 减8针 8-1-8 下针
- 29cm（120行）
- 17cm（70行）
- 10cm（42行）
- 花样C
- 18cm（64针）
- 分散减10针
- 花样A
- 3cm（14行）
- 15cm（54针）

领片（12号棒针）花样A
- 106针
- 34针
- 2cm（10行）
- 72针

符号说明：

- □ 上针
- □=⊡ 下针
- 2-1-3 行-针-次
- ↑ 编织方向

花样A

花样C

花样B

图示说明：

☐=白色
▨=浅蓝色
■=深蓝色

蜗牛图案毛衣

【成品规格】 衣长33cm, 胸宽28cm, 肩连袖长33cm

【工 具】 13号棒针

【编织密度】 32针×40行=10cm²

【材 料】 绿色棉线250g, 白色棉线200g, 黑色、黄色、灰色丝线各少量

编织要点:

1. 棒针编织法, 衣身片分为前片和后片, 分别编织, 完成后与袖片缝合而成。
2. 起织后片, 绿色线起90针, 织花样A, 织12行, 改织花样B, 织至40行, 按图案a所示方法将织片过渡为白色线编织, 织至76行, 第77行织片左右两侧各收4针, 然后减针织成插肩袖窿, 方法为2-1-28, 织至132行, 织片余下26针, 用防解别针扣起, 留待编织衣领。
3. 起织前片, 前片编织方法与后片相同, 织至120行, 第121行起, 织片中间留起12针不织, 两侧减针织成前领, 方法为2-1-6, 织至132行, 两侧各余下1针, 用防解别针扣起, 留待编织衣领。
4. 将前片与后片的侧缝缝合。
5. 前片用十字绣方式绣图案a。

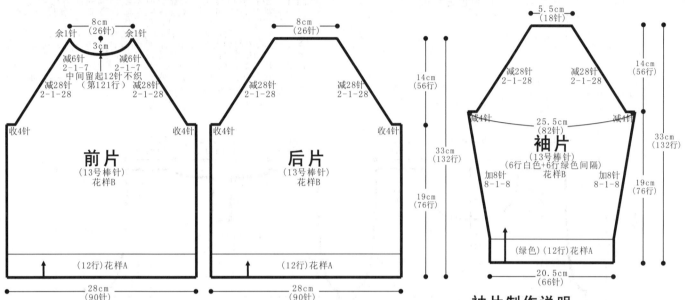

前片 (13号棒针) 花样B — 8cm(26针), 余1针, 减6针 2-1-7, 中间留起12针不织(第121行), 减28针 2-1-28, 收4针, (12行)花样A, 28cm(90针), 3cm

后片 (13号棒针) 花样B — 8cm(26针), 减28针 2-1-28, 收4针, (12行)花样A, 28cm(90针), 14cm(56行), 33cm(132行), 19cm(76行)

袖片 (13号棒针) (6行白色+6行绿色间隔) 花样B — 5.5cm(18针), 减28针 2-1-28, 减4针, 25.5cm(82针), 加8针 8-1-8, (绿色)(12行)花样A, 20.5cm(66针), 14cm(56行), 33cm(132行), 19cm(76行)

袖片制作说明

1. 棒针编织法, 编织2片袖片。从袖口起织。
2. 双罗纹针起针法, 绿色线起66针, 织花样A, 织12行后, 改为6行白色, 6行绿色线间隔编织花样B, 一边织一边两侧加针, 方法为8-1-8, 织至76行, 两侧各收针4针, 接着两侧减针编织插肩袖山。方法为2-1-28, 织至132行, 织片余下18针, 收针断线。
3. 同样的方法编织左袖片。
4. 将两袖侧缝对应缝合。

领片 (13号棒针) 花样A — 2cm(8行), 17cm(56行), 1.5cm(6行)

领片制作说明

1. 棒针编织法, 领片一片环形编织完成。绿色线沿前后领口挑起92针织花样A, 织8行后, 双罗纹针收针法收针断线。
2. 挑织前片插肩边, 沿前片左右插肩绿色线分别挑起56针, 织花样A, 织6行后, 双罗纹针收针法收针断线。
3. 将前后片插肩缝合。

花样A

花样B

符号说明:

□ 上针
□=l 下针
2-1-3 行-针-次

图案a

◻ 红色
◼ 黑色
◻ 黄色
◼ 绿色
◤ 灰色

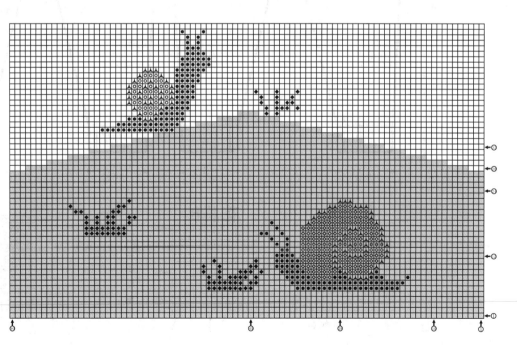

小树图案毛衣

【成品规格】 裤长49cm，胸宽31cm，肩宽23.5cm，袖长28cm

【工　　具】 13号棒针

【编织密度】 29针×39行=10cm²

【材　　料】 绿色棉线250g，白色棉线300g，红色，咖啡色线各10g

编织要点：

1.棒针编织法，连身裤分为前片和后片分别编织，从裤管起织。

2.先织后片，从左裤片起织，单罗纹针起针法，绿色线起28针织花样A 织12行后，改织花样B，一边织一边两侧加针，左侧按10-1-6的方法加针，右侧按8-1-7的方法加针，织至74行，织片变成41针，留针暂时不织。同样的方法相反方向编织右裤片，第75行起将两裤片连起来编织，中间加起8针裤裆，共90针继续编织。织至118行，改为白色线编织，织至136行，两侧袖窿减针，方法为1-4-1，2-1-7，织至165行，中间留起8针不织，两侧继续编织至188行，第189行起，后领两侧减针，方法为1-13-1，2-1-2，织至192行，两侧肩部各余16针，收针断线。

3.编织前片，从左裤片起织，单罗纹针起针法，绿色线起28针织花样A，织12行后，改织花样B，一边织一边两侧加针，左侧按10-1-6的方法加针，右侧按8-1-7的方法加针，织至74行，织片变成41针，留针暂时不织。同样的方法相反方向编织右裤片，第75行起将两裤片连起来编织，中间加起8针裤裆，共90针继续编织。织至118行，按图案a的方法改为白色线编织，织至136行，两侧袖窿减针，方法为1-4-1，2-1-7，织至165行，中间留起16针不织，两侧减针，方法为2-1-10，织至192行，两侧肩部各余下16针，收针断线。

4.将前片与后片两侧缝对应缝合，两肩部对应缝合。

5.前片衣身中央平针绣方式绣图案a(三棵小树图案)。前片左右袖管平针绣图案b(蘑菇)。

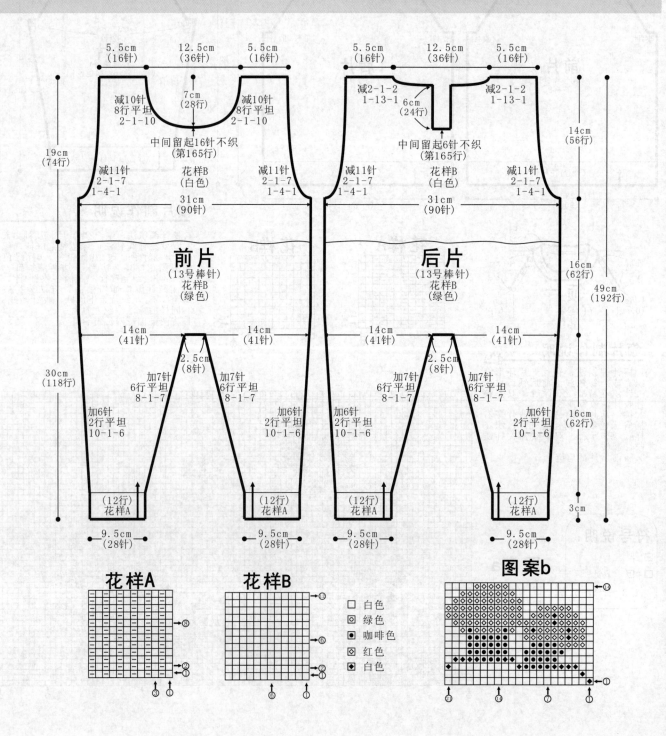

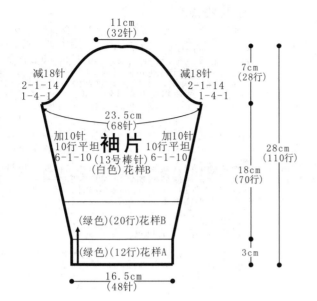

11cm
(32针)

减18针
2-1-14
1-4-1

减18针
2-1-14
1-4-1

23.5cm
(68针)

加10针
10行平坦
6-1-10

袖片

加10针
10行平坦
6-1-10

(13号棒针)
(白色)花样B

(绿色)(20行)花样B

(绿色)(12行)花样A

16.5cm
(48针)

7cm
(28行)

28cm
(110行)

18cm
(70行)

3cm

袖片制作说明

1.棒针编织法，编织2片袖片。从袖口起织。
2.绿线起48针，织花样A，织12行后，改织花样B，两侧一边织一边加针，方法为6-1-10，织至32行，改为白色线编织，织至82行。织片变成68针，接着减针编织袖山，两侧同时减针，方法为1-4-1，2-1-14，两侧各减少18针，织至110行，织片余下32针，收针断线。
3.同样的方法再编织另一袖片。
4.缝合方法：将袖山对应前片与后片的袖窿线，用线缝合，再将两袖侧缝对应缝合。

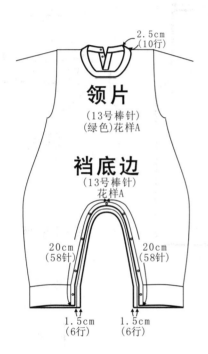

2.5cm
(10行)

领片

(13号棒针)
(绿色)花样A

档底边

(13号棒针)
花样A

20cm
(58针)

20cm
(58针)

1.5cm
(6行)

1.5cm
(6行)

符号说明：

⊟　　　上针

□=Ⅰ　　下针

2-1-3　行-针-次

↑　　　编织方向

领片/档底边制作说明

1.挑织后片衣襟。绿色线分别沿后襟两侧挑针织起，分别挑起18针织花样A 织8行后，收针断线。注意外侧的织片均匀留起2个扣眼。
2.挑织衣领，绿色线沿前后领口挑起86针，织花样A，往返编织，织10行后，收针断线。
3.挑织档底边。沿后片档底绿色线挑起116针织花样A，织6行后，单罗纹针收针法收针断线。同样的方法挑织前片档底边，注意前片均匀留起9个扣眼。

图案a

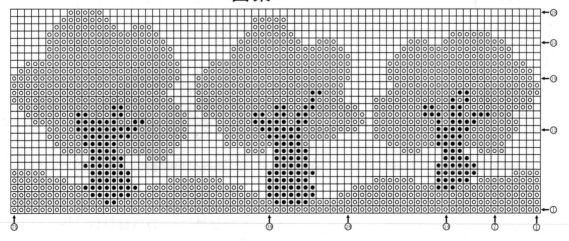

菱形花样毛衣

【成品规格】衣长34cm，胸宽30cm，袖长29cm

【工　　具】12号棒针

【编织密度】32针×40行＝10cm²

【材　　料】黑色羊毛线480g，灰色羊毛线200g

编织要点：

1. 棒针编织法。前、后身片、袖片分别编织而成。
2. 前片的编织。一片织成。起针，黑色起86针，起织花样A织12行，第13行起织下针，配色编织，每色19针，织50行，从第51行起配色编织花样B，织31行，下针织68行的高度，至袖窿。袖窿起减针，两边同时减5针，然后2-1-6，两边各减少11针，继续编织，织成袖窿算起28行的高度时，中间平收23针不织，两边相反方向减针，减2-1-8，两边各余下17针，然后不加减针，再织6行的高度后，收针断线。
3. 后片的编织。黑色线编织，起针与前片相同，不织图案，下针织68行后袖窿减针，减针与前片相同，当织成袖窿算起54行的高度时，进行后衣领减针，中间留35针不织，两边相反方向减针，减2-2-1，织成2行，两边各余下17针，收针断线。
4. 袖片的编织。从袖山起织，下针起针法，黑色线起26针，全织下针，两侧同时加针，加2-2-2，2-1-14，2-2-2，平加5针，两边各加27针，袖壮加至80针，袖山织36行后开始袖片减针。两袖侧缝上同时减针，减8-1-8，两边各减少8针。袖片织68行至袖口，袖口收针至54针，织花样A袖口边，织12行，收针断线，相同的方法再编织另一边袖片。
5. 拼接，将前片的侧缝与后片的侧缝和肩部及袖片对应缝合。
6. 衣领的编织。沿着前后衣领边，黑色线挑出106针，编织花样A，织10行后，收针断线。衣服完成。

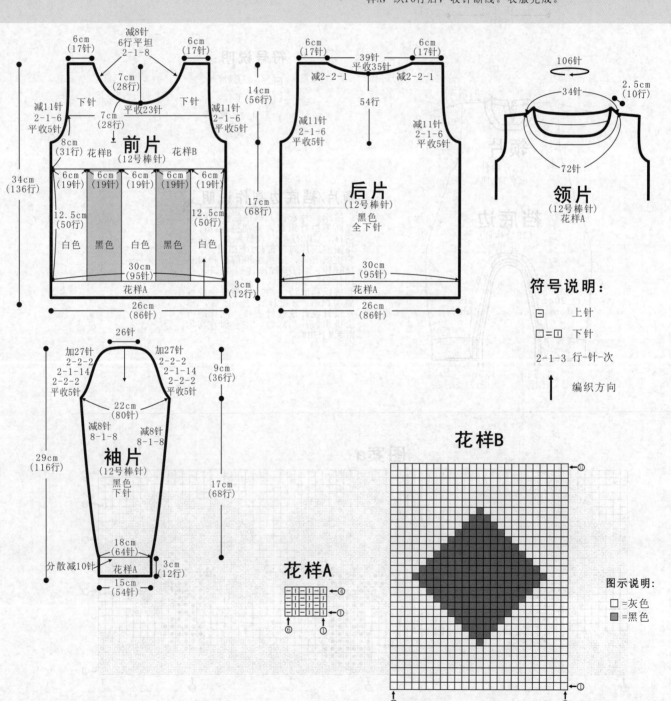

花样B

花样A

符号说明：

□　上针

□=□　下针

2-1-3　行-针-次

↑　编织方向

图示说明：

□=灰色
■=黑色

复古小花毛衣

【成品规格】 衣长34cm，胸宽30cm，袖长35.5cm

【工　　具】 12号棒针

【编织密度】 31针×40行=10cm²

【材　　料】 黑色羊毛线600g，粉红色羊毛线5g，蓝色、绿色羊毛线各10g，黄色羊毛线3g

编织要点：

1. 棒针编织法，前、后身片、袖片分别编织而成。
2. 前片的编织。一片织成。起针，粉红色线起92针，织花样A，织10行，第11行起换黑色线织下针，织4行，第5行起中间位置61针处开始编织花样B，织73行，下针共织64行的高度，至袖窿。袖窿起减针，两边同时减4针，然后2-1-28，两边各减少32针，继续编织下针，织成袖窿起34行的高度时，中间平收18针不织，两边相反方向减针，减2-1-1 然后不加减针再织16行，收针断线。
3. 后片的编织。起针与前片相同，全织黑色线下针，不织图案，下针共织64行，开始袖窿减针，减针与前片相同，后衣领减针织至28针时，收针断线。
4. 袖片的编织。从袖山起织，下针起针法，起14针，两侧同时加针，加2-1-28，平加4针，两边各加32针，袖壮加至78针，下针织58行后开始袖片减针。两袖侧缝上同时减针，减8-1-4，4-1-10，两边各减少14针，织70行至袖口，袖口收针至44针，换粉红色线编织花样C袖口边，织12行，收针断线，相同的方法再编织另一边袖片。
5. 拼接，将前片的侧缝与后片的侧缝，前后片肩部与袖片对应缝合。
6. 衣领的编织。沿着前后衣领边，挑出118针，编织花样C，织10行，第11行起收针，余出后领27针继续编织花样C，两侧同时减针，减2-1-12 两边各减12针，最后余3针编织下针，织12行，收针断线，与绒球连接。衣服完成。

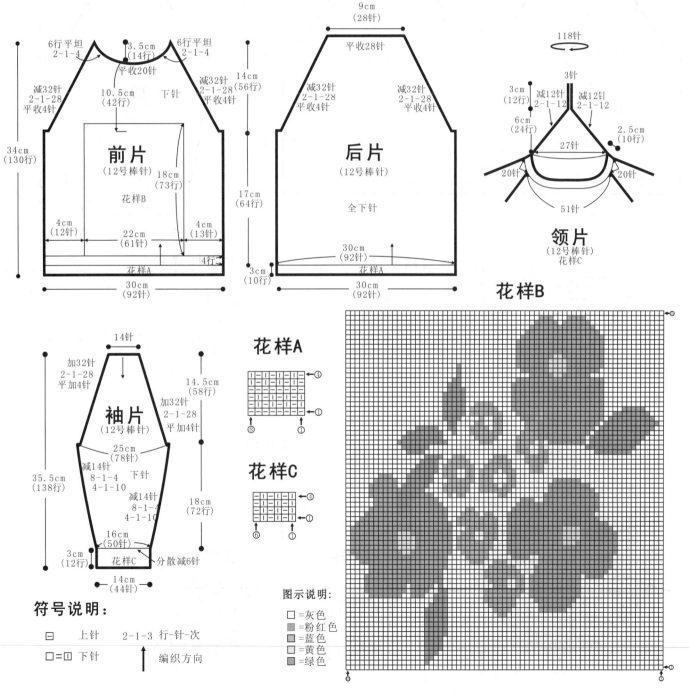

符号说明：

□ 上针
□=□ 下针

2-1-3 行-针-次
↑ 编织方向

图示说明：
□=灰色
■=粉红色
■=蓝色
□=黄色
■=绿色

167

俏皮猫咪套头衫

【成品规格】衣长32cm，胸宽30cm，肩连袖长35cm

【工　　具】13号棒针

【编织密度】28针×36行=10cm²

【材　　料】白色棉线250g，绿色棉线150g

编织要点：

1.棒针编织法，衣身分为前片和后片两部分，单独编织而成。

2.起织后片，下针起针法，灰色线起28针，起织花样B 16行，与起针合并成双层衣摆，继续往上编织至28行，另起白色线编织花样B，起56针，织16行，与起针合并成双层衣摆，继续往上编织至28行，右侧与灰色织片合并，改用红色线继续编织，织至46行，第47行起，织片中间用白色线编织图案C，织至72行，第73行起，两侧同时收针4针，然后减针编织插肩袖窿，方法为2-1-22，织至116行，织片余下32针，留待编织衣领。

3.起织前片，前片的编织方法与后片相同，织至109行，织片中间留起14针不织，两侧减针织成前领，方法为2-2-4，织至116行，两侧各余下1针，收针断线。

4.将前片及后片的插肩缝隙对应袖片的插肩缝缝合。

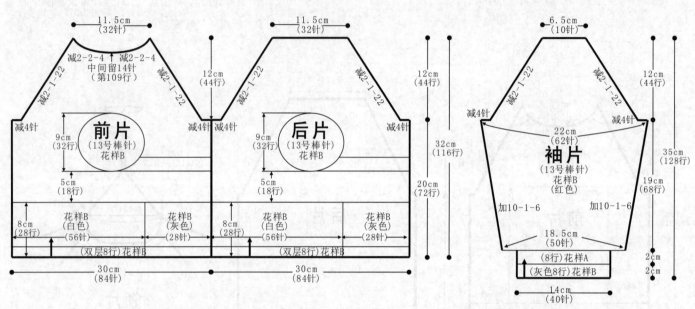

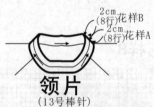

领片制作说明

1.棒针编织法，一片环形编织完成。

2.挑织衣领，沿前后领口红色线挑起96针，环织花样A，织4行后，改为灰色线编织花样B，织4行后，下针收针断线。

领片
（13号棒针）

袖片制作说明

1.棒针编织法，编织两片袖片。从袖口起织。

2.下针起针法，灰色线起40针，先织8行花样B 改为红色线编织花样A，织至16行，第17行将织片均匀加至50针，改织花样B，两侧一边织一边加针，方法为10-1-6，两侧的针数各增加6针，将织片织成62针，织至84行，将袖片两侧各收针4针，接着就编织插肩袖山。袖山减针编织，方法为2-1-22，织至128行，织片余下10针，留针编织衣领。

3.同样的方法再编织另一袖片。

4.将两袖侧缝对应缝合。

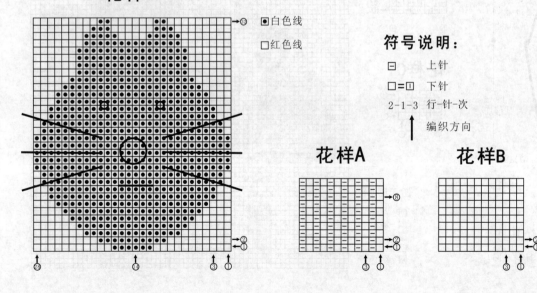

花样C

- ■白色线
- □红色线

符号说明：

□ 上针

□=□ 下针

2-1-3 行-针-次

↑ 编织方向

花样A

花样B

大公鸡图案毛衣

【成品规格】 衣长33cm，胸宽30cm，袖长22cm

【工　具】 10号棒针

【编织密度】 34针×39行=10cm²

【材　料】 灰色粗腈纶毛线600g，黄色80g，红色30g，黑色少许

编织要点：

1.棒针编织法。由前片、后片和袖片组成。
2.身片的编织。环织。下针起针法，起180针，起织下针环织花样A(单罗纹)。织13行后织下针，前后片各分散加针12针，织8行前片后织图案A 织56行后分前后片，且前后片两侧各减5针，2-1-5。先织前片。织36行后开前衣领，左右侧各减21针，2-5-1，2-4-1，2-3-2，2-2-3，平收16针后，肩部余下17针，收针断线。后片的编织。56行后中间平收54针，领口两侧减2针，2-1-2。织行后收针断线。
3.袖片的编织。从袖窿处挑针26针，来回织，每行多挑1针，两侧各加25针，1-1-25，然后圈织，在袖子合缝处两侧减9针，8-1-9，织72行后分散减18针，并改织单螺纹花样，13行后余下48针，收针断线。相同的方法去编织另一只袖片。
5.领子的编织。在领口处挑针，前片挑66针，后领挑60针，起织单罗纹花样，织12行，收针断线。衣服完成。

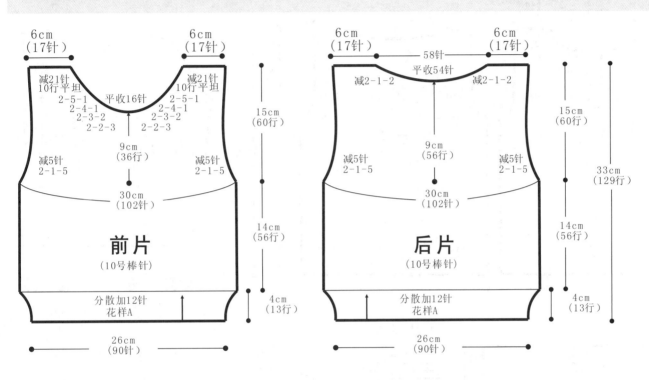

前片（10号棒针）

6cm（17针）　6cm（17针）
减21针 10行平坦
2-5-1
2-4-1
2-3-2
2-2-3
平收16针
15cm（60行）
减5针 2-1-5
9cm（36行）
30cm（102针）
14cm（56行）
分散加12针 花样A
26cm（90针）
4cm（13行）

后片（10号棒针）

6cm（17针）　6cm（17针）
58针
平收54针
减2-1-2　减2-1-2
15cm（60行）
减5针 2-1-5
9cm（56行）
30cm（102针）
33cm（129行）
14cm（56行）
分散加12针 花样A
26cm（90针）
4cm（13行）

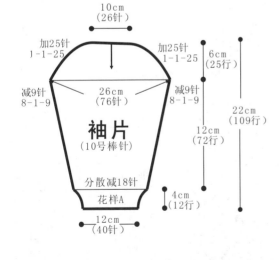

袖片（10号棒针）

10cm（26针）
加25针 1-1-25　加25针 1-1-25
26cm（76针）
减9针 8-1-9　减9针 8-1-9
6cm（25行）
22cm（109行）
12cm（72行）
分散减18针 花样A
12cm（40针）
4cm（12行）

符号说明：

□ 上针
□=□ 下针
2-1-3 行-针-次
↑ 编织方向

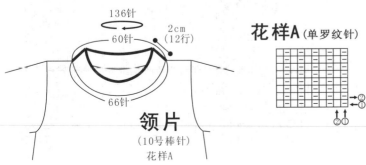

领片（10号棒针）花样A

136针
60针　2cm（12行）
66针

花样A(单罗纹针)

图案A

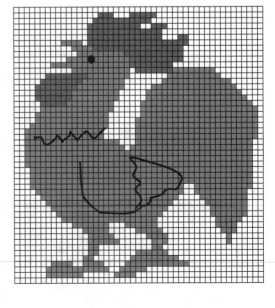

猫和老鼠图案毛衣

【成品规格】 衣长37cm，胸宽32cm，肩宽24cm，袖长31cm

【工　具】 13号棒针

【编织密度】 31.2针×39行=10cm²

【材　料】 红色棉线250g，灰色棉线100g，黄色棉线80g，咖啡色、白色线少量

编织要点：

1. 棒针编织法，衣身分为前片和后片分别编织。
2. 起织后片，双罗纹针起针法黄色线起100针，织花样A，织8行后，改为灰色线编织，织16行后，改为红色线织花样A，不加减针织至82行，第83行起两侧袖窿减针，方法为1-4-1，2-1-8，织至140行，第141行将中间平收40针，两侧减针织成后领，方法为2-1-2，织至144行，两侧肩部各余下16针，收针断线。
3. 前片的编织方法与后片相同，织至104行，第105行将中间平收8针，两侧各34针不加减针分别往上编织，织至131行，减针织成前领，方法为1-4-1，2-2-7，织至144行，两侧肩部各余下16针，收针断线。
4. 将前片与后片的两肩部缝合，两侧缝缝合。平针绣方式在前片左前摆处绣图案a。

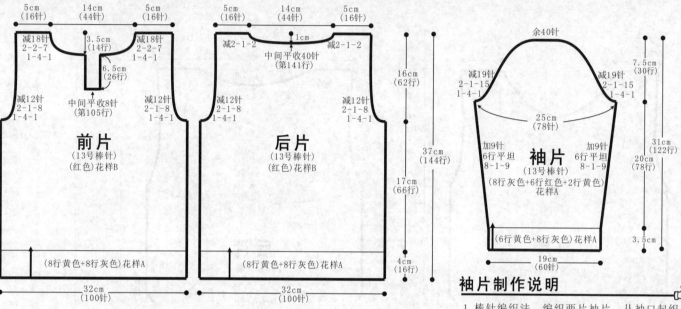

袖片制作说明

1. 棒针编织法，编织两片袖片。从袖口起织。
2. 双罗纹针起针法，黄色线起60针织花样A，织6行后改为灰色线编织，织至14行，改为8行灰色+6行红色+2行黄色间隔织花样B，两侧同时加针，方法为8-1-9，织至92行，织片变成78针，减针编织袖山，两侧同时减针，方法为1-4-1，2-1-15，两侧各减少19针，织至122行，织片余下40针，收针断线。
3. 同样的方法再编织另一片袖片。
4. 缝合方法：将袖山对应前片与后片的袖窿线，用线缝合，再将两袖侧缝对应缝合。

帽片制作说明

1. 棒针编织法，沿领口往上红色线挑起84针，往返编织花样B，不加减针织770行后，将织片从中间分开成左右两片分别编织，中间减针，方法为2-1-4，织至78行，织片两侧各余下38针，将帽顶缝合。
2. 编织帽檐。沿帽檐及前襟灰色线挑针起织，挑起168针织花样A，织8行灰色后，改为黄色线编织，共织8行后收针，注意两侧前襟留起4个孔眼。

符号说明：

- ⊟ 上针
- □=□ 下针
- 2-1-3 行-针-次
- ↑ 编织方向
- ▨ 灰色线
- ▣ 咖啡色线
- □ 黄色线
- ▨ 白色线

小蜻蜓连帽开衫

【成品规格】 衣长41cm，胸宽32cm，衣宽41cm，袖长36cm

【工　　具】 10号棒针

【编织密度】 30针×40行=10cm²

【材　　料】 灰色毛线500g，白色100g，黄色50g，图案用色少量

编织要点：

1. 棒针编织法。由左右前片、后片、袖片和帽子组成。
2. 前片的编织。以右前片为例。下针起针法，起60针，起织下针，用灰色线织16行后对折，挑合在一起，织4行后，用白色线织4行，再织4行灰线，4行白线，换灰线织84行后左侧减6针，2-1-6，织12行后分散减22针。织图案A。织26行后右侧减针的方法去编织左前片，1-3-3，2-2-3，2-1-2，余下15针，收针断线。相同的方法去编织左前片。
3. 后片的编织。下针起针法，起120针，起织下针，用灰色线织16行后对折，与边一对一挑合在一起，织图案C，织100行后两侧减针，2-1-6 织12行后分散减44针，再织47行后领口平收30针，左右各减2针，2-1-2，收针断线。将左右前与后片的侧缝分别进行缝合。
4. 袖片的编织。从袖窿处挑针26针，来回织，每行多挑1针，两侧圈织，两侧各加27针，1-1-27，然后圈织，在袖子合缝处两侧各减9针，8-1-9，织78行后分散减14针，并改织单螺纹花样，16行后余下48针，收针断线。相同的方法去编织另一只袖片。
5. 帽子的编织。在领口处挑针，左右前片各挑28针，后领挑56针，起织下针，织4行灰色线，再织4行白色线，交替编织，不加减针，织成80行后，收针断线。将帽片对折缝合。
6. 帽檐和衣襟用花样A钩边。花样B钩小花。按图样绣图案。衣服完成。

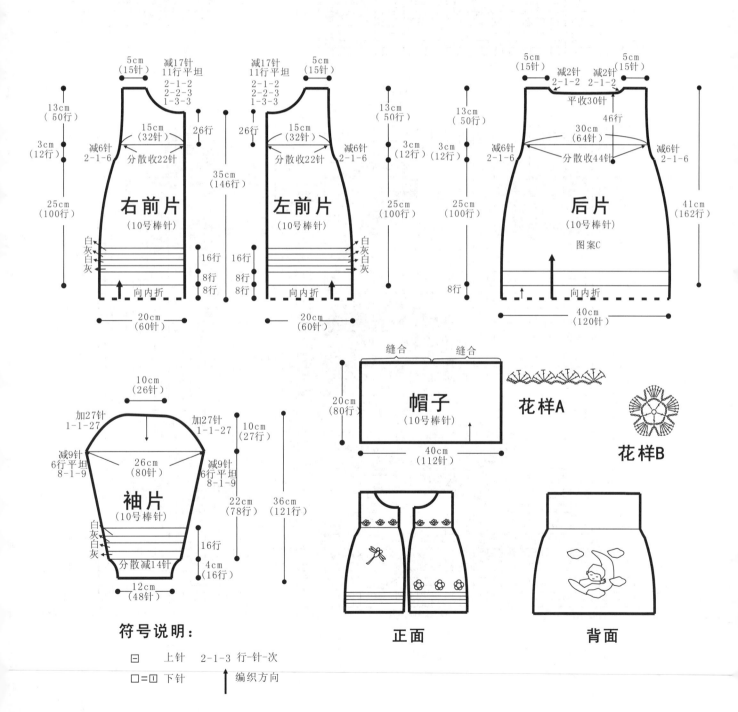

右前片（10号棒针）
5cm（15针）　减17针11行平坦　2-1-2　2-2-3　1-3-3
13cm（50行）　3cm（12行）　25cm（100行）
26行
15cm（32针）　减6针2-1-6　分散收22针
白 灰 白 灰　16行　8行　8行　向内折
20cm（60针）

左前片（10号棒针）
减17针11行平坦　2-1-2　2-2-3　1-3-3　5cm（15针）
13cm（50行）　3cm（12行）　3cm（12行）　25cm（100行）　35cm（146行）
26行
15cm（32针）　减6针2-1-6　分散收22针
白 灰 白 灰　16行　8行　8行　向内折
20cm（60针）

后片（10号棒针）
5cm（15针）　减2针2-1-2　减2针2-1-2　5cm（15针）
平收30针　46行
13cm（50行）　3cm（12行）　25cm（100行）　41cm（162行）
减6针2-1-6　30cm（64针）　减6针2-1-6　分散收44针
图案C　8行　向内折
40cm（120针）

袖片（10号棒针）
10cm（26针）
加27针1-1-27　加27针1-1-27　10cm（27行）
减9针6行平坦8-1-9　26cm（80针）　减9针6行平坦8-1-9
22cm（78行）　36cm（121行）
白 灰 白 灰　16行　4cm（16行）
分散减14针
12cm（48针）

缝合　缝合
帽子（10号棒针）
20cm（80行）
40cm（112针）

花样A

花样B

正面　背面

符号说明：

□　上针　　2-1-3　行-针-次

□=▯　下针　　↑　编织方向

图案A

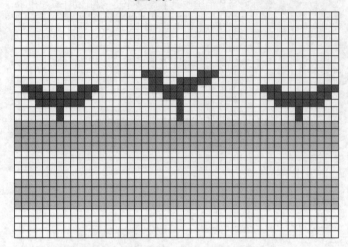

图案B

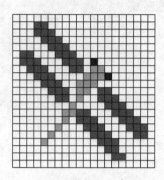

图案C

迷你小屋毛衣

【成品规格】衣长34.5cm，胸宽29cm，袖长28cm

【工　　具】12号棒针

【编织密度】38针×46行=10cm²

【材　　料】花青色羊毛线360g，灰色羊毛线120g，咖啡色、橘红色、黄色、绿色、青碧色羊毛线各15g

编织要点：

1.棒针编织法，前、后身片、袖片分别编织而成。

2.前片的编织。一片织成。起针，灰色线起86针，起织花样A织16行，第17行起换花青色线编织下针，编织10行，从第11行起中间位置74针处配色编织花样B 织71行，两侧不加减针，下针织74行的高度，至袖隆。袖隆起减针，两边同时减7针，然后2-1-6，两边各减少13针，继续编织，织成袖隆算起30行的高度时，中间平收16针不织，两边相反方向减针，减2-1-8，两边各余下18针，然后不加减针，再织12行的高度后，收针断线。

3.后片的编织。起针方法与前片相同，不织图案，下针织74行后袖隆减针，减针方法也与前片相同，当织成袖隆算起56行的高度时，进行后衣领减针，中间留28针不织，两边相反方向减针，减2-2-1，织成2行，两边各余下18针，收针断线。

4.袖片的编织。从袖山起织，下针起针法，起22针，配色编织花样C，两侧同时加针，加2-2-2，2-1-12，2-2-3，平加7针，两边各加27针，袖壮加至76针，袖山织32行后开始袖片减针。两袖侧缝上同时减针，减8-1-6，6-1-4，两边各减少10针，袖片织72针至袖口，袖口收针至56针，换灰色线编织花样A，织16行，收针断线，相同的方法再编织另一边袖片。

5.拼接，将前片的侧缝与后片的侧缝和肩部及袖片对应缝合。

6.衣领的编织。沿着前后衣领边，灰色线挑出106针，编织花样A，织10行，收针断线。衣服完成。

前片
（12号棒针）
花样B

6cm（18针）
减8针 12行平坦 2-1-8
7cm（28行）
6cm（18针）
7.5cm（30行）　平收16针
减13针 2-1-6 平收7针
下针　　下针
34.5cm（148行）
17cm（71行）
3cm（10针）
23cm（74针）
3cm（10针）
2.5cm（10针）
29cm（94针）
花样A
22cm（86针）
3.5cm（16行）

后片
（12号棒针）
全下针
花青色

6cm（18针）
32针 平收28针
减2-2-1　减2-2-1
6cm（18针）
56行
14.5cm（58行）
减13针 2-1-6 平收7针
减13针 2-1-6 平收7针
16.5cm（74行）
29cm（94针）
花样A
22cm（86针）

领片
（12号棒针）
花样A

106针
34针
2cm（10行）
72针

花样A

符号说明：

☐　上针
□=☐　下针
2-1-3 行-针-次
↑编织方向

花样B

袖片
（12号棒针）
花样C

22针
加27针 2-2-2 2-1-12 2-2-2 平收7针
加27针 2-2-2 2-1-12 2-2-2 平收7针
8cm（32行）
20cm（76针）
28cm（126行）
减10针 8-1-6 6-1-4
减10针 8-1-6 6-1-4
16.5cm（74行）
16cm（56针）
花样A
3.5cm（16行）
14cm（52针）

花样C

图示说明：

☐=花青色
=青碧色
=橘红色
■=咖啡色
☐=黄色
=绿色
=灰色

丑小鸭图案毛衣

【成品规格】 衣长33cm，胸宽27cm，肩连袖长32cm

【工　　具】 13号棒针

【编织密度】 30针×38行=10cm²

【材　　料】 蓝色棉线300g，白色棉线50g，红色黑色黄色棉线各少量，纽扣8枚

编织要点：

1. 棒针编织法，衣身片分为前片和后片，分别编织，完成后与袖片缝合而成。
2. 起织后片，蓝色线起82针，织花样A，织12行，改织花样B织至80行，第81行织片左右两侧各收4针，然后减针织成插肩袖窿，方法为2-1-23，织至126行，织片余下28针，用防解别针扣待编织衣领。
3. 起织前片，前片编织方法与后片相同，织至116行，第117行起，织片中间留起6针不织，两侧减针织成前领，方法为2-2-5，织至126行，两侧各余下1针，用防解别针扣起，留待编织衣领。
4. 将前片与后片的侧缝缝合，前片及后片的插肩缝对应袖片的插肩缝缝合。
5. 前片中央位置，平绣图案b。

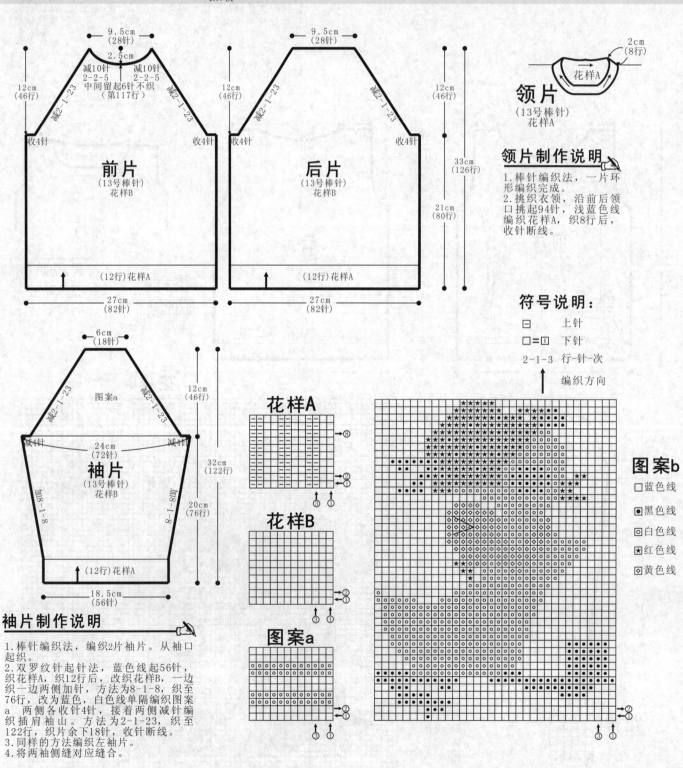

前片（13号棒针）花样B

后片（13号棒针）花样B

袖片（13号棒针）花样B

领片（13号棒针）花样A

领片制作说明

1. 棒针编织法，一片环形编织完成。
2. 挑织衣领，沿前后领口挑起94针，浅蓝色线编织花样A，织8行后，收针断线。

袖片制作说明

1. 棒针编织法，编织2片袖片。从袖口起织。
2. 双罗纹针起针法，蓝色线起56针，织花样A，织12行后，改织花样B，一边织一边两侧加针，方法为8-1-8，织至76行，改为蓝色，白色线单隔编织图案a，两侧各收针4针，接着两侧减针编织插肩袖山，方法为2-1-23，织至122行，织片余下18针，收针断线。
3. 同样的方法编织左袖片。
4. 将两袖侧缝对应缝合。

符号说明：

□　上针
□=① 下针
2-1-3　行-针-次
↑　编织方向

花样A

花样B

图案a

图案b

□ 蓝色线
● 黑色线
◎ 白色线
★ 红色线
◎ 黄色线

多色猫咪毛衣

【成品规格】 衣长33cm，胸宽29cm，袖长33.5cm

【工　　具】 11号棒针

【编织密度】 30针×40行=10cm²

【材　　料】 橘红色羊毛线380g，白色羊毛线60g

编织要点：

1. 棒针编织法，前、后身片、袖片分别编织而成。
2. 前片的编织。一片织成。起针，起88针，织花样A，织16行，第17行起织花样B，织22行，第23起织下针，织22行后编织花样C，织18行，再织18行下针后编织花样D，织12行。一共织68行的高度，至袖隆。袖隆起减针，两边同时减4针，然后2-1-26，两边各减少30针，继续编织下针，织成袖隆算起40行的高度时，中间平收20针不织，两边相反方向减针，减2-1-4，然后不加减针再织4针，收针断线。
3. 后片的编织。起针与前片相同，完成花样B后全织橘红色下针，不织图案，下针共织68行，开始袖隆减针，减针与前片相同，后衣领减针至22针时，收针断线。
4. 袖片的编织。从袖山起织，下针起针法，起18针，两侧同时加针，加2-1-28，平加4针，两边各加32针，袖壮加至82针，袖山织56行后开始袖片减针。两袖侧缝上同时减针，减6-1-10 两边各减少10针，织66行至袖口，袖口收针至48针，织花样A袖口边，织14行，收针断线，相同的方法再编织另一边袖片。
5. 拼接，将前片的侧缝与后片的侧缝，前后片肩部与袖片对应缝合。
6. 衣领的编织。沿着前后衣领边，挑出126针，编织花样A，织10行后，收针断线。衣服完成。

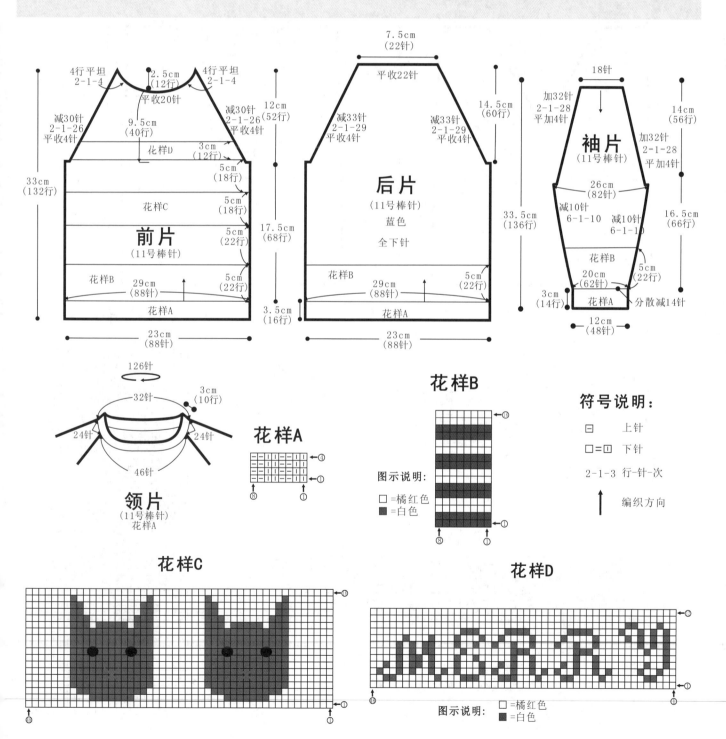

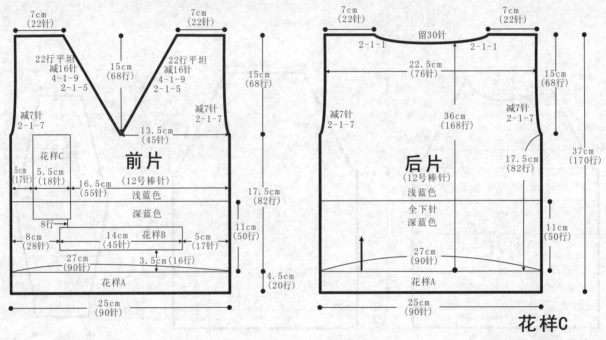

V领小背心

【成品规格】衣长37cm，胸围50cm

【工　　具】12号棒针

【编织密度】34针×46行=10cm²

【材　　料】深蓝色毛线140g，
浅蓝色毛线160g，
白色毛线10g

编织要点：

1. 棒针编织法，由前片、后片编织而成，从下往上织起。
2. 前片的编织。一片织成。起针，单罗纹起针法，深蓝色起90针，织花样A，织20行。下一行起，织下针，织16行，第17行起配色编织花样B，织8行，深蓝色线再织8下针后配色编织花样C，织49行，下行起换浅蓝色织编织下针。下针共织82行的高度，至袖隆，同时进行前领减针、袖隆减针。袖隆起减针，两边同时减针，减2-1-7，两边各减少7针。前领减针，两边相反方向减针，2-1-5，4-1-9，两边各余下22针，然后再不加减针织22行的高度后，收针断线。
3. 后片的编织。后片袖隆以下起针与前片相同，不织配色图案，袖隆减针与前片相同，减针不加减针织至后领高度，进行后衣领减针，中间留30针不织，两边相反方向减针，减2-1-1，两边各余下22针，收针断线。
4. 拼接，将前片的侧缝与后片的侧缝和肩部对应缝合。
5. 最后沿着前后衣领处，浅蓝色线挑出150针，编织花样A，织6行，第7行起换深蓝色线再编织2行，收针断线。同样，每侧袖口挑出114针，编织花样A，编织方法同领片，收针断线。衣服完成。

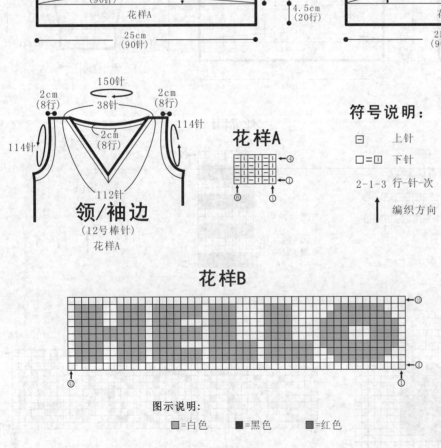

前片
（12号棒针）

7cm（22针）　　7cm（22针）

22行平坦
减16针
4-1-9
2-1-5

15cm（68行）

15cm（68行）

减7针
2-1-7

减7针
2-1-7

13.5cm（45针）

花样C　5.5cm（18针）

5cm（17针）

16.5cm（55针）
浅蓝色

深蓝色

17.5cm（82行）

8行

8cm（28针）

14cm（45针）花样B

5cm（17针）

11cm（50行）

27cm（90针）　3.5cm（16行）

花样A

4.5cm（20行）

25cm（90针）

后片
（12号棒针）

7cm（22针）　　7cm（22针）

留30针

2-1-1　　2-1-1

22.5cm（76针）

15cm（68行）

减7针
2-1-7

减7针
2-1-7

36cm（168行）

17.5cm（82行）

37cm（170行）

浅蓝色

全下针
深蓝色

11cm（50行）

27cm（90针）

花样A

25cm（90针）

领/袖边
（12号棒针）
花样A

150针

38针

2cm（8行）　　2cm（8行）

2cm（8行）

114针　　114针

112针

花样A

花样B

花样C

符号说明：

□　上针

□=□　下针

2-1-3　行-针-次

↑　编织方向

图示说明：

■=白色　　■=黑色　　■=红色

韩版玫红色毛衣

【成品规格】衣长37.5cm，胸宽29cm，袖长30cm

【工　　具】12号棒针

【编织密度】31针×40行=10cm²

【材　　料】玫红色羊毛线380g，白色羊毛线240g，粉色、黄色、绿色羊毛线各10g

编织要点：

1. 棒针编织法，前、后身片、袖片分别编织而成。
2. 前片的编织。一片织成。起针，玫红色线起112针，起织花样A　织12行，第13行起编织花样B　织30行，从第31行织下针，两侧不加减针，共织82行的高度，至袖窿。袖窿起减针，两边同时减6针，然后2-1-4，两边各减少10针，余92针，减针后第2行编织隔1针2并1针，共减32针，余60针，完成减针即换白色线继续编织下针，织成袖窿算起28行的高度时，中间平织16针不织，两边相反方向减针，减2-1-8，两边各余下14针，然后不加减针，再织10行的高度后，收针断线。
3. 后片的编织。起针及编织方法与前片完全相同，不织花样B图案，织82行后袖窿减针，减针也与前片相同，当织成袖窿算起56行的高度时，进行后衣领减针，中间留28针不织，两边相反方向减针，减2-2-1，织成2行，两边各余下14针，收针断线。
4. 袖片的编织。从袖山起织，下针起针法，玫红色线起22针，全织下针，两侧同时加针，加2-1-19，2-2-1，平加6针，两边各加27针，袖壮加至76针，袖山织40行后开始袖片减针。两袖侧缝上同时减针，减8-1-8，两边各减少8针。袖片织66行至袖口，袖口收针至48针，编织花样C　织14行，收针断线，相同的方法再编织另一边袖片。
5. 拼接，将前片的侧缝与后片的侧缝和肩部及袖片对应缝合。
6. 衣领的编织。沿着前后衣领边，玫红色线挑出116针，编织花样C，织10行，收针断线。衣服完成。

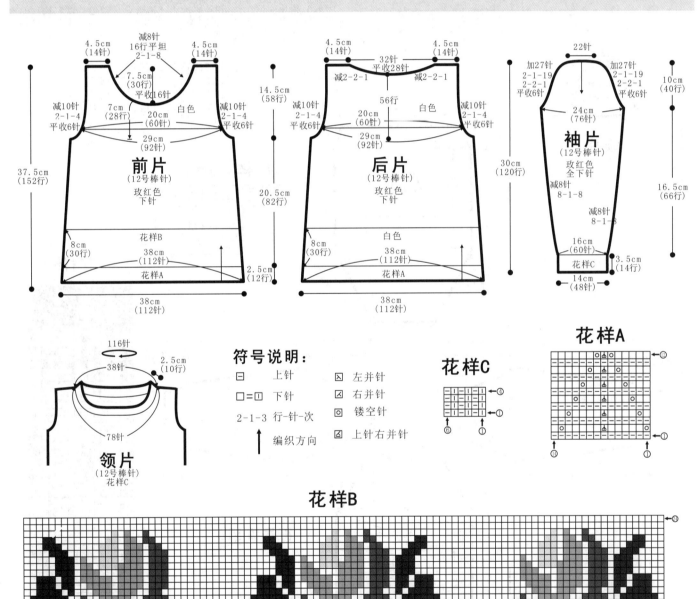

符号说明：

□ 上针
□=1 下针
2-1-3 行-针-次
↑ 编织方向

⊠ 左并针
⊠ 右并针
⊡ 镂空针
⊠ 上针右并针

花样B

图示说明：□=白色　■=玫红色　■=绿色　■=粉色　■=黄色

帅气配色男孩装

【成品规格】 衣长36cm，胸宽28cm，袖长36cm

【工　　具】 9号棒针，10号棒针

【编织密度】 25针×30行=10cm²

【材　　料】 棕色棉绒线350g，花样B中各色线各50g，白色100g

编织要点：

1.棒针编织法，由前片1片，后片1片，袖片2片组成。从下往上织起。

2.前片的编织。一片织成。
（1）起针，双罗纹起针法，起70针，编织花样A，不加减针，织18行的高度。
（2）袖窿以下的编织。第19行起，用棕色线，全织下针，不加减针，编织36行的高度，下一行根据花样B进行配色编织。不加减针，织22行至袖窿。
（3）袖窿以上的编织。袖窿起减针，两侧同时减针，平收4针，然后2-1-16，织成袖窿算起的28行时，进行领边减针，织片中间平收掉26针，然后两边每织2行减1针，共减2次，两边各余下1针，收针断线。

3.后片的编织。袖窿以下的编织与前片完全相同，袖窿起减针，两侧减针与前片相同，织成32行后，余下30针，收针断线。

4.袖片的编织。袖片从袖口起织，双罗纹起针法，起42针，分配成花样A，不加减针，往上织18行的高度，第19行起，全织下针，两边袖侧缝进行加针，每织8行加1针，共加7次，当织完34行棕色线后，下一行依照花样B进行配色编织，当织成22行后，至袖窿。下一行起进行袖山减针，两边同时减针，减针方法与衣身的减针方法相同，最后余下16针，收针断线。相同的方法去编织另一袖片。

5.拼接，将前片的侧缝与后片的侧缝对应缝合，再将两袖片的袖山边线与衣身的袖窿边对应缝合。

6.领片的编织，用9号棒针针织，沿着前后领边，以左袖片的前袖窿边线为开口。来回编织，挑出96针，起织花样C 共8行，完成后收针断线，衣服完成。

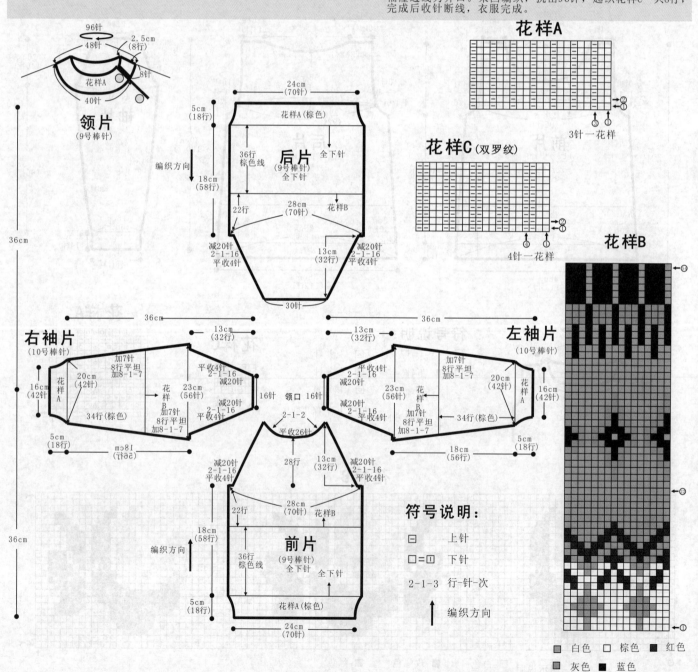

178

创意条纹套头衫

【成品规格】 衣长30cm，胸宽26cm
袖长30cm

【工　　具】 10号棒针

【编织密度】 43针×64行=10cm²

【材　　料】 绿色腈纶棉线400g，
白色线100g

编织要点：

1.棒针编织法，前片或后片分别是由两个侧角起织再拼接成一块编织而成。袖片亦然。
2.以前片为例。2针起织，用绿色线，起织花样A搓板针，两边同时加针，2-1-39，两边各加出40针，暂停编织，相同的方法编织另一边。加出39针，织成78行后，在内侧用单起针法起1针，用前片中间并针的中间1针。将两片并为1针，以加出的1针为中心，用前片中间作并针，而作侧缝这边继续加针，前片中间3针并为1针，织成4行后，侧缝不再加针，此时织片成80针，至袖窿。下一步是袖窿起的编织。在前片中间继续并针。当再织12行后，甩掉12针后，开始花样B配色花样编织。袖窿边线不再加减针，而在前片上继续并针，配色编织织成96行后，余下26针一边，共53针，收针断线。相同的方法去编织后片。将前后片的侧缝缝合。沿着下摆边缘，挑出224针，起织花样C，不加减针，织20行后收针断线。用绿色线。
3.袖片的编织。同样在两个角上以2针起织，织成54行后，中间用单起针法起1针，作并针中间的1针用，袖片中间并针织4行后，袖侧缝也加针4行，至袖窿，袖窿起边线不再加减针，袖片中间并针编织，当用绿色线织12行后，开始进行花样B配色花样编织，织成96行后，袖片余下3针，含中间1针。收针断线。相同的方法去编织另一袖片。将两边袖窿边线与前后片的袖窿边线对应缝合，再将袖侧缝缝合。再沿着袖口边，挑出56针，起织花样C单罗纹针，不加减针，织20行后，收针断线。
4.领片的编织。沿着前后衣领边，挑出110针，用白色线，起织花样C单罗纹针，不加减针，织10行后，改用绿色线编织4行单罗纹。完成后，收针断线。衣服完成。

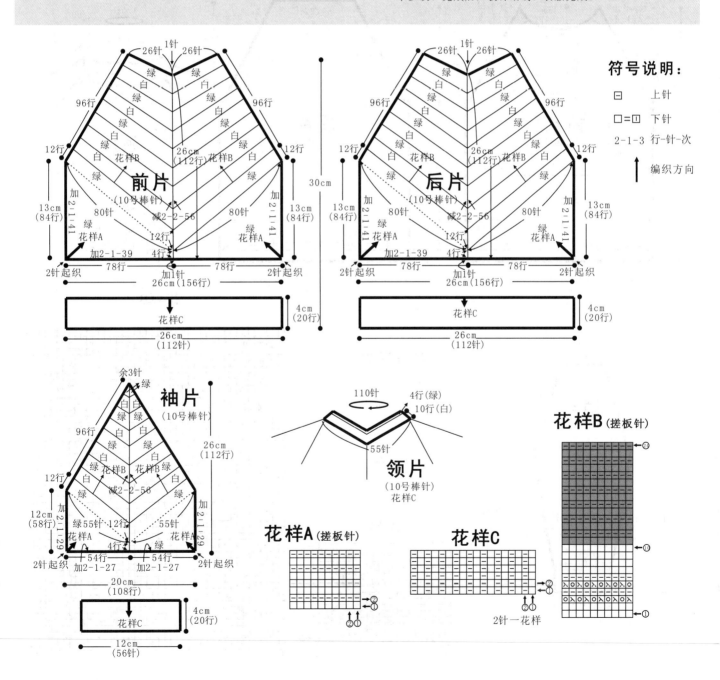

符号说明：

□ 上针
□=☐ 下针
2-1-3 行-针-次
↑ 编织方向

红色复古装

【成品规格】 衣长36cm，胸宽29cm，袖长34cm

【工　　具】 11号棒针

【编织密度】 32针×40行=10cm²

【材　　料】 大红色羊毛线430g，黑色羊毛线100g，白色、绿色、黄色羊毛线各5g

编织要点：

1. 棒针编织法，前、后身片、袖片分别编织而成。
2. 前片的编织。一片织成。起针，黑色线起90针，织下针，织16行，然后，从第17行起，从起针处挑针并针编织，将衣摆变成双层衣摆。织2行后开始配色编织花样A，织16行后，换大红色线编织，织24行，第25行起中间位置42针处开始配色编织花样B，织52行，下针共织84行的高度，至袖隆。袖隆起减针，两边同时减针6针，然后4-2-13，两边各减少32针，继续编织下针，织成袖隆算起40行的高度时，中间平收18针不织，两边相反方向减针，减2-1-4 然后不加减织再织4行，收针断线。
3. 后片的编织。起针、编织方法与前片相同，但不织图案全织下针，下针共织84行，开始袖隆减针，减针与前片相同，后衣领减针至22针时，收针断线。
4. 袖片的编织。从袖口起织，黑色线起46针，起织花样C，织16行，下一行起，大红色线编织下针，并在两袖侧缝上进行加针，加8-1-8，织成64行，至袖山减针，两侧同时收针，收6针，然后4-2-13，然后再不加减织再织4行，两边各减少32针，余下10针，收针断线，相同的方法再编织另一边袖片。
5. 拼接，将前片的侧缝与后片的侧缝，前后片肩部与袖片对应缝合。
6. 衣领的编织。沿着前后衣领边，黑色线挑出126针，编织花样C，织10行后。收针断线。衣服完成。

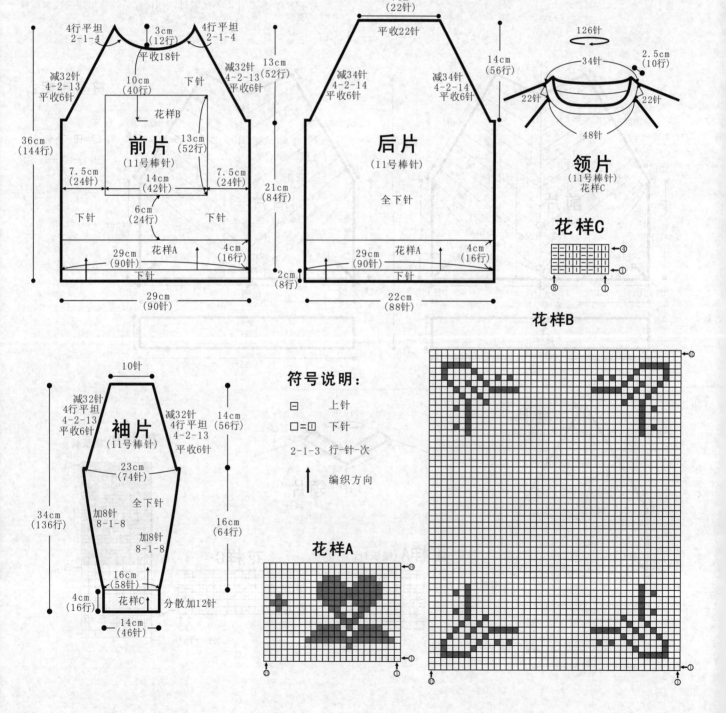

180

Kitty猫小背心

【成品规格】 衣长35cm，胸宽26cm，袖长2.5cm

【工　　具】 10号棒针

【编织密度】 32针×40行=10cm²

【材　　料】 白色腈纶棉线350g，紫色线80g

编织要点：

1. 棒针编织法，由前片和后片组成。
2. 前片的编织。下针起针法，用紫色线，起63针，起织花样A，不加减针，编织20行的高度，在最后一行里，加分散针21针，针数加成84针，下一行起，改用白色线编织下针，不加减针，编织64行的高度，至袖窿，袖窿起减针，两边收针4针，4-2-5，两侧各减少14针，再织2行后，改用紫针线编织花样B，不加减针，编织12行的高度后。收针断线。完成前片的编织。
3. 后片的编织。袖窿以下的织法与前片相同，不再重复说明。袖窿起减针，减针方法与前片相同。当织成袖窿算起42行的高度时，下一行改用紫针线编织花样C，织12行的高度后，中间收针36针，两侧各留下10针，下一步织肩带，两侧各由白色和紫色线交替编织而成，内侧4针用紫色线，外侧用白色线。起织花样C单罗纹针。不加减针，编织30行的高度后。收针断线。相同的方法，配色线的位置不改变。将肩带折向前片，用扣子钉牢。再将前后片的侧缝对应缝合。
4. 袖片的编织。沿着袖口边，挑出160针，起织花样B双罗纹针，不加减针，编织10行的高度后，收针断线。相同的方法去编织另一侧袖片。最后在前片的白色线编织的位置中间，绣上猫的线条图案。衣服完成。

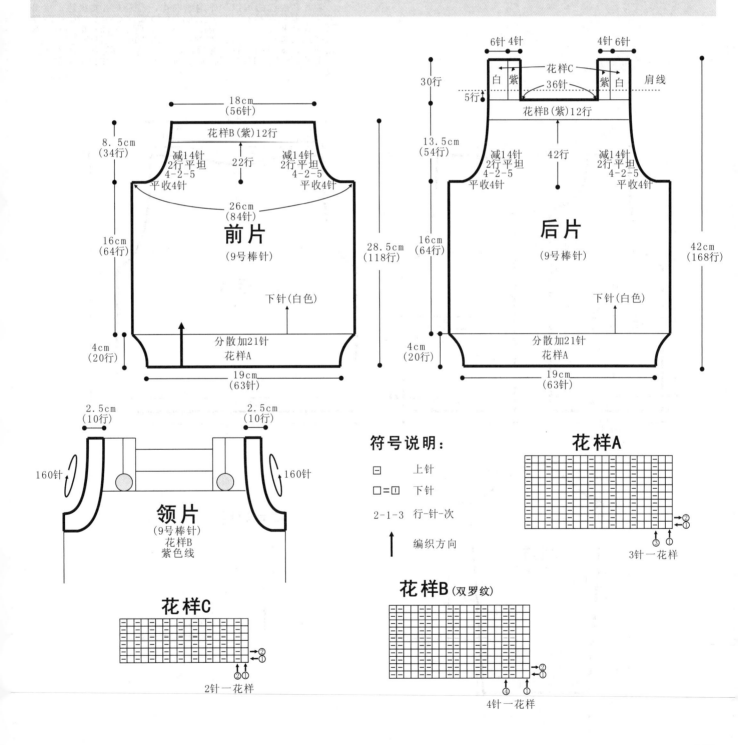

符号说明：

□ 上针

□=⊟ 下针

2-1-3 行-针-次

↑ 编织方向

181

蝴蝶花毛衣

【成品规格】 衣长36cm，胸宽33cm，袖长30cm

【工　　具】 9号棒针

【编织密度】 28.7针×40行＝10cm²

【材　　料】 橘红色棉绒线300g，白色线80g，灰色50g，蓝色和黑色少许，扣子7枚

编织要点：

1.棒针编织法，由前片2片、后片1片、袖片2片组成。从下往上织起。配色编织。

2.前片的编织。以右前片为例。用白色线，起46针，起织花样A，不加减针，编织10行的高度，下一行起，全织下针，用橘红色线，织成12行后，根据花样B编织一半的蝴蝶图案，图案外用橘红色线编织下针，织成78行后，至袖隆，袖隆起减针，左侧收针3针，2-2-5，继续编织下针，当织成袖隆算起30行的高度时，右侧进行前衣领减针，减针方法，2-3-2，2-2-2，2-1-5，不加减针，再织10行至肩部，余下18针，收针断线。相同的方法，相反的方向去编织左前片。

3.后片的编织。后片的编织与前片相同，但无花样B图案编织。袖隆减针，方法与前片完全相同，减针织成54行后，下一行中间收针28针，两侧减针，2-1-2，两肩部各余下18针，收针断线。

4.袖片的编织。袖片从袖口起织，下针起针法，用白色线，起64针，编织花样A，不加减针，编织10行的高度，下一行起改用橘红色线编织，并在袖侧缝上加针，12-1-6，再织4行后，至袖山减针，两侧同时减针3针，2-2-14，织成28行，余下14针，收针断线。相同方法去编织另一袖片。

5.拼接。将前片的侧缝与后片的侧缝对应缝合，将前后片的肩部对应缝合，再将两袖片的袖山边线与衣身的袖隆边对应缝合，最后将袖侧缝缝合。

6.领片和衣襟的编织。先编织衣襟，沿着左右衣襟边，挑出86针，起织花样A，用白色线，不加减针，编织10行的高度后，收针断线。左衣襟制作6个扣眼。两个之间相隔24针。然后编织衣领，沿着前后衣领边，挑出100针，起织花样A，不加减针，编织10行的高度后，收针断线。在左右前片图案的两个触角上钉上1枚扣子，再在右衣襟上钉上6枚扣子。衣服完成。

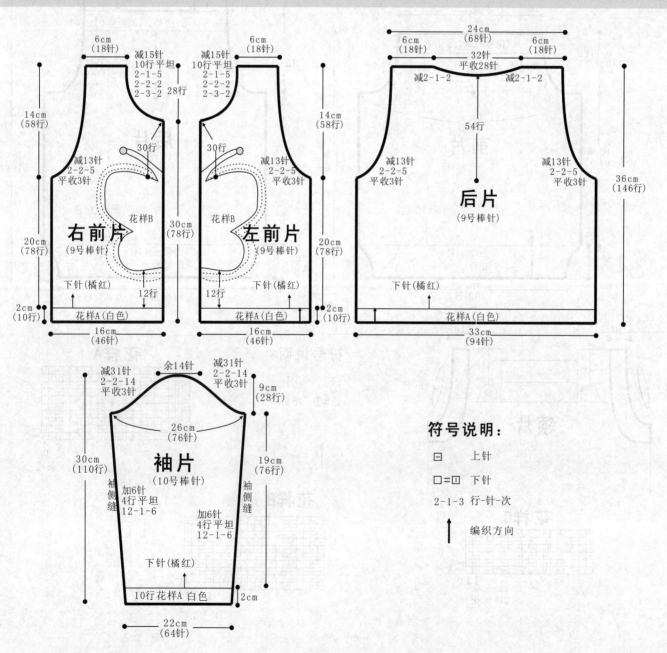

右前片
(9号棒针)
6cm（18针）
减15针 10行平坦 2-1-5 2-2-2 2-3-2
28行
14cm（58行）
30行
减13针 2-2-5 平收3针
花样B
20cm（78行）
30cm（78行）
下针（橘红）
12行
2cm（10行）
花样A（白色）
16cm（46针）

左前片
(9号棒针)
6cm（18针）
减15针 10行平坦 2-1-5 2-2-2 2-3-2
30行
减13针 2-2-5 平收3针
花样B
14cm（58行）
20cm（78行）
下针（橘红）
12行
2cm（10行）
花样A（白色）
16cm（46针）

后片
(9号棒针)
24cm（68针）
6cm（18针）　6cm（18针）
32针 平收28针
减2-1-2　减2-1-2
54行
减13针 2-2-5 平收3针　减13针 2-2-5 平收3针
36cm（146行）
下针（橘红）
花样A（白色）
33cm（94针）

袖片
(10号棒针)
减31针 2-2-14 平收3针　余14针　减31针 2-2-14 平收3针
9cm（28行）
26cm（76针）
30cm（110行）　19cm（76行）
袖侧缝　加6针 4行平坦 12-1-6　加6针 4行平坦 12-1-6　袖侧缝
下针（橘红）
10行花样A 白色　2cm
22cm（64针）

符号说明：

□ 上针

□＝□ 下针

2-1-3 行-针-次

↑ 编织方向

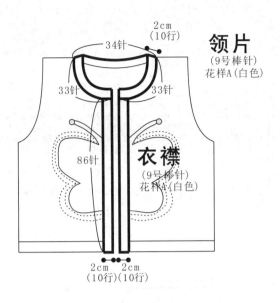

2cm
(10行)

34针

33针 33针

86针

衣襟
(9号棒针)
花样A(白色)

2cm 2cm
(10行)(10行)

领片
(9号棒针)
花样A(白色)

花样A (搓板针)

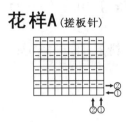

花样B

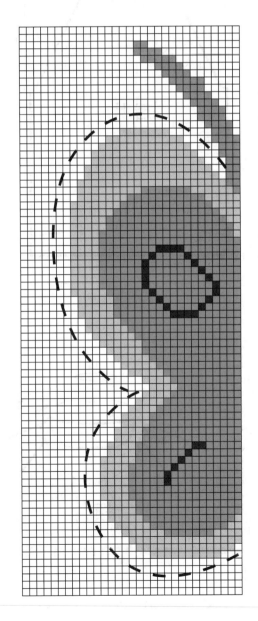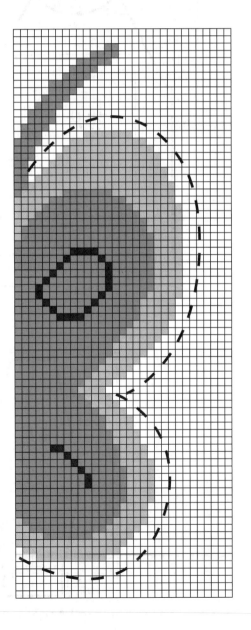

小鱼儿图案毛衣

【成品规格】 衣长33cm，胸宽30cm，袖长34cm

【工　　具】 11号棒针

【编织密度】 31针×40行=10cm²

【材　　料】 黄色羊毛线560g，咖啡色羊毛线20g

编织要点：

1．棒针编织法，前、后身片、袖片分别编织而成。
2．前片的编织。一片织成。起针，起88针，织花样A，织16行，第17行起加针至93针，然后织下针，织10行，第11行起，中间51针位置开始配色编织花样B，织58行，下针共织64行的高度，至袖隆。袖隆起减针，两边同时减6针，然后2-1-26两边各减少32针，继续织下针，织成袖隆算起40行的高度时，中间平收19针不织，两边相反方向减针，减2-1-5 然后不加减针再织2行，收针断线。
3．后片的编织。起针、编织方法与前片相同，全织下针，织64行，开始袖隆减针，减针方法与前片相同，后衣领减针至24针时，收针断线。
4．袖片的编织。从袖山起织，下针起针法，起16针，全织下针，两侧同时加针，加2-1-28，平加6针，两边各加34针，袖壮加至84针，袖山织56行后开始袖片减针。两袖侧缝上同时减针，减6-1-7，4-1-5，两边各减少12针，袖片织64行至袖口，袖口收针至48针，织花样A袖口边，织16行，收针断线，相同的方法再编织另一边袖片。
5．拼接，将前片的侧缝与后片的侧缝、前后片肩部与袖片对应缝合。
6．衣领的编织。沿着前后衣领边，挑出126针，编织花样C，织10行后，收针断线。衣服完成。

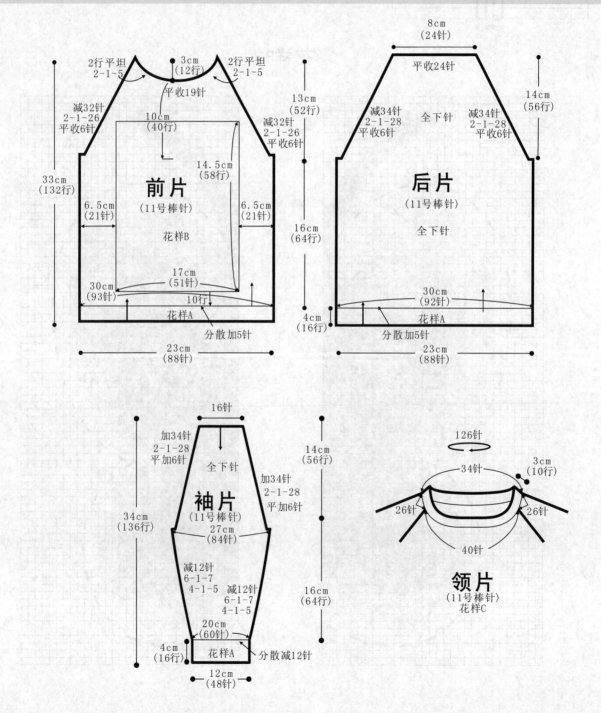

前片（11号棒针）

2行平坦 2-1-5
3cm（12行）
平收19针
减32针 2-1-26 平收6针
10cm（40行）
14.5cm（58行）
33cm（132行）
6.5cm（21针）
花样B
17cm（51针）
30cm（93针）
10行
花样A
23cm（88针）
分散加5针

后片（11号棒针）

8cm（24针）
平收24针
13cm（52行）
14cm（56行）
减34针 2-1-28 平收6针
全下针
16cm（64行）
全下针
30cm（92针）
花样A
4cm（16行）
23cm（88针）
分散加5针

袖片（11号棒针）

16针
加34针 2-1-28 平加6针
全下针
14cm（56行）
27cm（84针）
34cm（136行）
减12针 6-1-7 4-1-5
16cm（64行）
20cm（60针）
4cm（16行）
花样A
分散减12针
12cm（48针）

领片（11号棒针）花样C

126针
3cm（10行）
34针
26针
26针
40针

花样B

符号说明：

⊟　　　上针

□=⊡　下针

2-1-3　行-针-次

↑　　　编织方向

花样A

花样C

图示说明：

□=黄色

■=咖啡色

淘气图案毛衣

【成品规格】衣长37cm，胸宽30cm，袖长34cm

【工　　具】11号棒针

【编织密度】30针×38行=10cm²

【材　　料】橘红色羊毛线430g，白色羊毛线50g，粉红色羊毛线20g，紫色羊毛线20g，黑色、红色、黄色羊毛线各5g

编织要点：
1.棒针编织法，前、后身片、袖片分别编织而成。
2.前片的编织。一片织成。起针，白色线起88针，织花样A织4行后，换橘红色线编织，织16行，第19行起织下针，织14行，第15行起中间位置64针处开始编织编织花样B，织58行，下针共织60行的高度，至袖窿。袖窿起减针，两边同时减6针，然后2-1-26，两边各减少32针，继续编织下针，织成袖窿算起38针的高度时，中间平收18针不织，两边相反方向减针，减2-1-4 然后不加减针再织6行，收针断线。
3.后片的编织。起针与前片相同，全织橘红色下针，不织图案，下针共织60行，开始袖窿减针，减针与前片相同，后衣领减针至24针时，收针断线。
4.袖片的编织。从袖山起织，下针起针法，起12针，两侧同时加针，加2-1-26，平加6针，两边各加32针，袖壮加至76针，袖山织52行后开始袖片减针。减针同时编织花样C，织34行。两袖侧缝上同时减针，减6-1-10 两边各减少10针，织60行至袖口，袖口收针至44针，织花样A袖口边，织12针，换红线后编织2行，收针断线，相同的方法再编织另一边袖片。
5.拼接，将前片的侧缝与后片的侧缝、前后片肩部与袖片对应缝合。
6.衣领的编织。沿着前后衣领边，橘红色线挑出126针，编织花样A，织8行后，换白色线再编织2行，共织10行。收针断线。衣服完成。

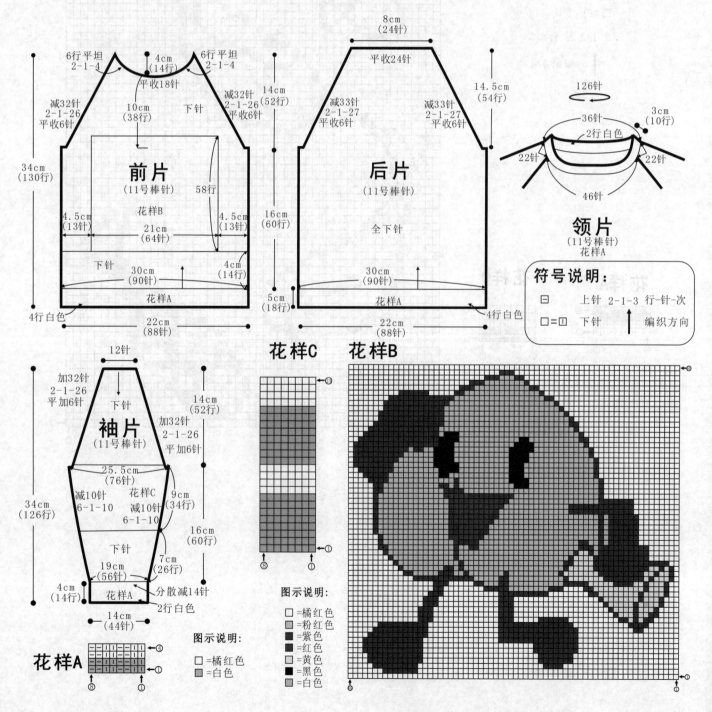

编织必读 *knit stitch*
本书作品使用针法

Ⅰ = 下针(又称为正针、低针或平针)

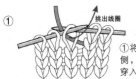

① 将毛线放在织物外侧,右针尖端由前面穿入活结。

② 挑出挂在右针尖上的线圈,同时此活结由左针滑脱。

□ 或 一 = 上针(又称为反针或高针)

① 将毛线放在织物前面,右针尖端由后面穿入活结。

② 挂上毛线并挑出挂在右针尖上的线圈,同时此活结由左针滑脱。上针完成。

○ = 空针(又称为加针或挂针)

① 将毛线在右针上从下到上绕1次,并带紧线。

② 继续编织下一个针圈。到次行时与其它针圈同样织。实际意义是增加了1针,所以又称为加针。

Ω = 扭针

右针从后到前插入针圈,将这针扭转方向后再织。

① 将右针从后到前插入第1个针圈(将待织的这1针扭转)

② 在右针上挂线,然后从针圈中将线挑出来,同时此活结由左针滑脱。

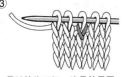

③ 继续往下织,这是效果图。

Ω = 上针扭针

右针按图示方向插入针圈,将这针扭转方向后再织上针。

① 将右针按图示方向插入第1个针圈(将待织的这1针扭转)

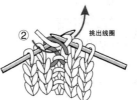

② 在右针上挂线,然后从针圈中将线挑出来。

◎ = 下针绕3圈

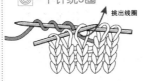

在正常织下针时,将毛线在右针上绕3圈后从针圈中带出,使线圈拉长。

◎ = 下针绕2圈

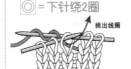

在正常织下针时,将毛线在右针上绕2圈后从针圈中带出,使线圈拉长。

∩ = 滑针

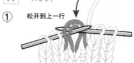

松开到上一行

① 将左针上第1个针圈退出并松开并滑到上一行(根据花型的需要也可以滑出多行),退出的针圈和松开的上一行毛线用右针挑起。

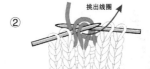

② 右针从退出的针圈和松开的上一行毛线中挑出毛线使这形成1个针圈。

③ 继续编织下一个针圈。

Ⅴ = 左加针

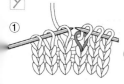

① 左针第1针正常织。

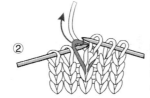

② 左针尖端先从这针的前一行的针圈中从后向前挑起针圈。针从前向后插入并挑出线圈。

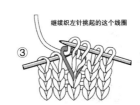

继续织左针挑起的这个线圈

③ 继续织左针挑起的这个线圈。实际意义是在这针的左侧增加了1针。

Ⅳ = 右加针

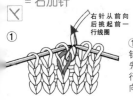

右针从前向后挑起前一行线圈

① 在织左针第1针前,右针尖端先从这针的前一行的针圈中从前向后插入。

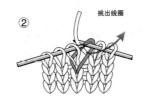

挑出线圈

② 将线在右针上从下到上绕1次,并挑出线,实际意义是在这针的右侧增加了1针。

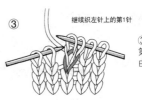

继续织左针上的第1针

③ 继续织左针上的第1针。然后此活结由左针滑脱。

Ⅴ =上浮针

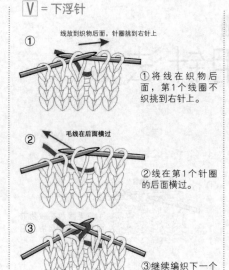 Ⅴ =下浮针

○ =锁针

上浮针部分

线在前面横过

① ①将线放到织物前面，第1个针圈不织挑到右针上。

线圈挑到右针上

② ②毛线在第1个线圈的前面横过后，再放到织物后面。

③ ③继续编织下一个线圈。

下浮针部分

线放到织物后面，针圈挑到右针上

① ①将线在织物后面，第1个线圈不织挑到右针上。

毛线在后面横过

② ②线在第1个针圈的后面横过。

③ ③继续编织下一个线圈。

锁针部分

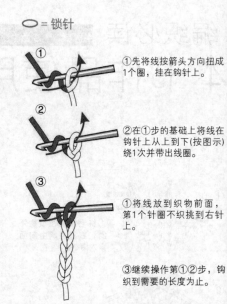

① ①先将线按箭头方向扭成1个圈，挂在钩针上。

② ②在①步的基础上将线在钩针上从上到下(按图示)绕1次并带出线圈。

③ ①将线放到织物前面，第1个针圈不织挑到右针上。

③继续操作第①②步，钩织到需要的长度为止。

 =枣针(3针长针并为1针)

 ①将线先在钩针上从上到下(按图示)绕1次，再将钩针按箭头方向插入上一行的相应位置中，并带出线圈。

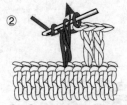 ②在①步的基础上将线在钩针上从上到下(按图示)绕1次并带出线圈。注意这时钩针上有2个线圈了。

③继续操作第②步两次，这时钩针上就有4个线圈了。

④将线在钩针上从上到下(按图示)绕1次并从这4个线圈中带出线圈。1针"枣针"操作完成。

✕ =短针

 ①将钩针按箭头方向插入上一行的相应位置中。

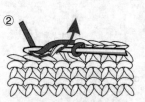 ②在①步的基础上将线在钩针上从上到下(按图示)绕1次并带出线圈。

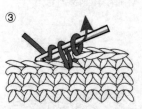 ③继续将线在钩针上从上到下(按图示)再绕1次并带出线圈。

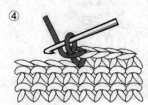 ④1针"短针"操作完成。

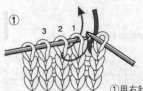 =中上3针并为1针

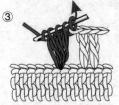 ① 3 2 1 ①用右针尖从前往后插入左针的第2、第1针中，然后将右针退出。

 ② ②将绒线从织物的后面带过，正常织第3针。再用左针尖分别将第2、第1针挑过套住第3针。

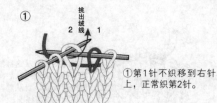 =右上2针并为1针(又称为拨收1针)

 ① 挑出绒线 2 1 ①第1针不织移到右针上，正常织第2针。

 ② 将第1针挑起套在第2针上 ②再将第1针用左针挑起套在刚才织的第2针上面，因为有这个拨针的动作，所以又称为"拨收针"。

 =左上2针并为1针

① 挑出绒线 2 1 ①右针按箭头的方向，将第2针、第1针插入两个线圈中，挑出绒线。

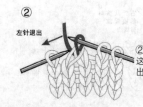 ② 左针退出 ②再将第2针和第1针这两个针圈从大针上退出，并针完成。

188

☒☒ =1针下针右上交叉

①第1针不织移到曲针上，右针按箭头的方向从第2针针圈中挑出绒线。

挑出绒线

②再正常织第1针(注意：第1针是在织物前面经过)。

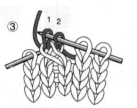

③右上交叉针完成。

☒☒ =1针下针左上交叉

①第1针不织移到曲针上，右针按箭头的方向从第2针针圈中挑出绒线。

挑出绒线

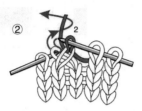

②再正常织第1针(注意：第1针是在织物后面经过)。

③左上交叉针完成。

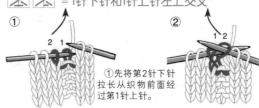

☒☒ =1针下针和1针上针左上交叉

①先将第2针下针拉长从织物前面经过第1针上针。

②先织好第2针下针，再来织第1针上针。"1针下针和1针上针左上交叉"完成。

☒☒ =1针下针和1针上针右上交叉

①先将第2针上针拉长从织物后面经过第1针下针。

②先织好第2针上针，再来织第1针下针。"1针下针和1针上针右上交叉"完成。

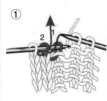

☒ =1针扭针和1针上针左上交叉

①第1针暂时不织，右针按箭头方向从第1针前插入第2针线圈中（这样操作后这个线圈是被扭转了方向的）。

②在①步的第2针线圈中正常织下针。然后再在第1针线圈中织上针。

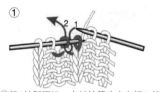

☒ =1针扭针和1针上针右上交叉

①第1针暂不织，右针按箭头方向插入第2针线圈中。

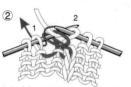

②在①步的第2针线圈中正常织上针。

③再将第1针扭转方向后，右针从上向下插入第1针的线圈中带出线圈（正常织下针）。

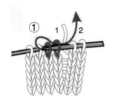

☒ =1针右上套交叉

①右针从第1、第2针插入，将第2针挑起，从第1针的线圈中通过并挑出。

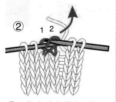

②再将右针由前向后插入第2针并挑出线圈。

③正常织第1针。

④"1针右上套交叉"完成。

☒ =1针左上套交叉

①将第2针挑起套过第1针。

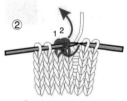

②再将右针由前向后插入第2针并挑出线圈。

③正常织第1针。

④"1针左上套交叉"完成。

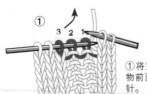

☒☒ =1针下针和2针上针左上交叉

①将第3针下针拉长从织物前面经过第2和第1针上针。

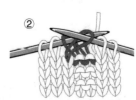

②先织好第3针下针，再来织第1和第2针上针。"1针下针和2针上针左上交叉"完成。

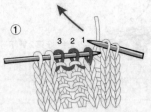 =1针下针和2针上针右上交叉

① 将第1针下针拉长从织物前面经过第2和第3针上针。

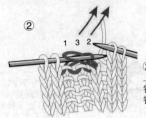 ②先织好第2、第3针上针，再来织第1针下针。"1针下针和2针上针右上交叉"完成。

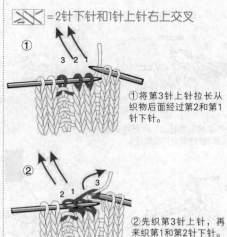 =2针下针和1针上针右上交叉

① 将第3针上针拉长从织物后面经过第2和第1针下针。

 ②先织第3针上针，再来织第1和第2针下针。"2针下针和1针上针右上交叉"完成。

=2针下针和1针上针左上交叉

①将第1针上针拉长从织物后面经过第2和第3针下针。

②先织第2和第3针下针，再织第1针上针。"2针下针和1针上针左上交叉"完成。

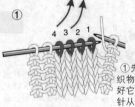 =2针下针右上交叉

①先将第3、第4针从织物后面经过并分别织它们，再将第1和第2针从织物前面经过并分别织好第1和第2针(在上面)。

 ②"2针下针右上交叉"完成。

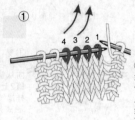 =2针下针左上交叉

①先将第3、第4针从织物前面经过分别织它们，再将第1和第2针从织物后面经过并分别织好第1和第2针(在下面)。

 ②"2针下针左上交叉"完成。

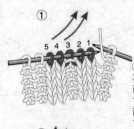 =2针下针右上交叉，中间1针上针在下面

①先织第4、第5针，再织第3针上针(在下面)，最后将第2、第1针拉长从织物的前面经过后再分别织第1和第2针。

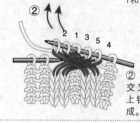 ②"2针下针右上交叉，中间1针上针在下面"完成。

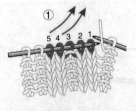 =2针下针左上交叉，中间1针上针在下面

①先将第4、第5针从织物前面经过，再分别织好第4、第5针，再织第3针上针(在下面)，最后将第2、第1针拉长从第3上针的前面经过，并分别织好第1和第2针。

 ②"2针下针左上交叉，中间1针上针在下面"完成。

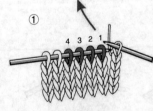 =3针下针和1针下针左上交叉

①先将第1针拉长从织物后面经过第4、第3、第2针。

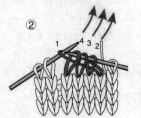 ②分别织好第2、第3和第4针，再织第1针。"3针下针和1针下针左上交叉"完成。

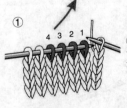 =3针下针和1针下针右上交叉

①先将第4针拉长从织物后面经过第3、第2、第1针。

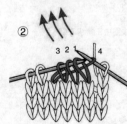 ②先织第4针，再分别织好第1、第2和第3针。"3针下针和1针下针右上交叉"完成。

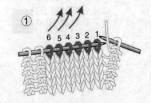 =3针下针右上交叉

①先将第4、第5、第6针从织物后面经过并分别织好它们，再将第1、第2、第3针从织物前面经过并分别织好第1、第2和第3针(在上面)。

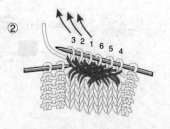 ②"3针下针右上交叉"完成。

190

 =3针下针左上交叉

①

①先将第4、第5、第6针从织物前面经过并分别织好它们，再将第1、第2、第3针从织物后面经过并分别织好第1、第2和第3针(在下面)。

②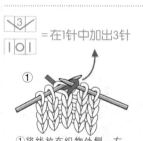

②"3针下针左上交叉"完成。

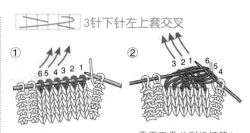 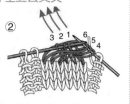 3针下针左上套交叉

① ②

①先将第4、第5、第6针拉长并套过第1、第2、第3针。

②再正常分别织好第4、第5、第6针和第1、第2、第3针，"3针大上套交叉针"完成。

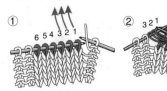 =3针下针右上套交叉

① ②

①先将第1、第2、第3针拉长并套过第4、第5、第6针。

②再正常分别织好第4、第5、第6针和第1、第2、第3针，"3针下针右上套交叉针"完成。

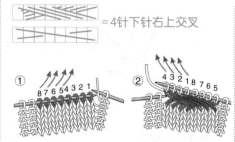 =4针下针右上交叉

① ②

①先将第5、第6、第7、第8针从织物后面经过并分别织好它们，再将第1、第2、第3、第4针从织物前面经过并分别织好第1、第2、第3和第4针(在上面)。

②"4针下针右上交叉"完成。

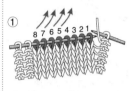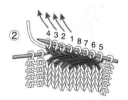 =4针下针左上交叉

① ②

①先将第5、第6、第7、第8针从织物前面经过并分别织好它们，再将第1、第2、第3、第4针从织物后面经过并分别织好第1、第2、第3和第4针(在下面)。

②"4针下针左上交叉"完成。

 =在1针中加出3针

①

①将线放在织物外侧，右针尖端由前面穿入活结，挑出挂在右针尖上的线圈，左针圈不要松掉。

②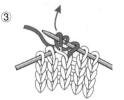

②将线在右针上从下到上绕1次，并带紧线，实际意义是又增加了1针，左线圈仍不要松掉。

③

③仍在这一个线圈中继续编织①1次。此时左针上形成了3个线圈。然后此活结由左针滑脱。

 =在1针中加出5针

① 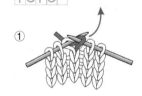 ② 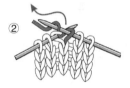 ③ 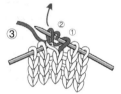 ④

①将线放在织物外侧，右针尖端由前面穿入活结，挑出挂在右针尖上的线圈，左线圈不要松掉。

②将线在右针上从下到上绕1次，并带紧线，实际意义是又增加了1针，左线圈仍不要松掉。

③在1个线圈中继续编织①和①1次。此时右针上形成了3个线圈。左线圈仍不要松掉。

④仍在这一个针线圈中继续编织②和①1次。此时右针上形成了5个线圈。然后此活结由左针滑脱。

 =5针并为1针，又加成5针

① 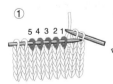 ② 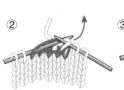 ③ 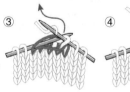 ④ ⑤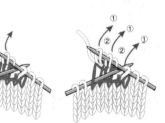

①右针由前向后从第5、第4、第3、第2、第1针(五个线圈中)插入。

②将线在右针尖端从下往上绕过，并挑出挂在右针尖上的线圈，左针5个线圈不要松掉。

③将线在右针上从下到上绕1次，并带紧线，实际意义是又增加了1针，左线圈不要松掉。

④仍在这5个线圈上继续编织②和①各1次。此时右针上形成了5个线圈。然后这5个线圈由左针滑脱。

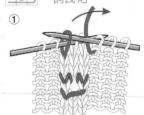 =铜钱花

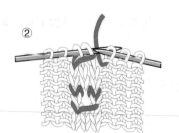 ② ③ ④

①先将第3针挑过第2和第1针(用线圈套住它们)。

②继续编织第1针。

③加1针(空针)，实际意义是增加了1针，弥补①中挑过的那针。

④继续编织第3针。

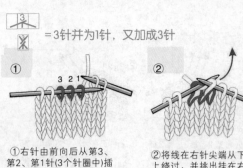 =3针并为1针，又加成3针

① ②

① 右针由前向后从第3、第2、第1针(3个针圈中)插入。

② 将线在右针尖端从下往上绕过，并挑出挂在右针尖上的线圈，左针3个线圈不要松掉。

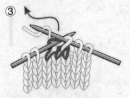 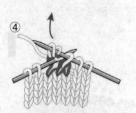

③ ④

③ 将线在右针上从下到上再绕1次，并带紧线，实际意义是又增加了1针，左线圈仍不要松掉。

④ 继续在这3个线圈山编织①1次。此时右针上形成了3个线圈。然后这3个线圈才由左针滑脱。

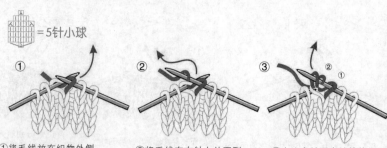 =5针小球

① ② ③

① 将毛线放在织物外侧，右针尖端由前面穿入活结，挑出挂在右针尖上的线圈，左线圈不要松掉。

② 将毛线在右针上从下到上绕1次，并带紧线，实际意义是又增加了1针，左线圈仍不要松掉。

③ 在这个针圈中继续编织①1次。此时右针上形成了3个针圈。左线圈仍不要松掉。

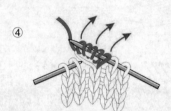 

④ ⑤

④ 仍在这个线圈中继续编织②和①1次。此时右针上形成了5个线圈。然后此活结由左针滑脱。

⑤ 将上一步形成的5个线圈针按虚箭头方向织3行下针。到第4行两侧各收1针，第5行下针，第6行织"中上3针并为1针"。小球完成后进入正常的编织状态。

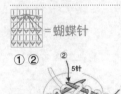 =蝴蝶针

① ② ③ ④

① 第1行将线置于正面，移动5针至右针上。
② 第2继续编织下针。

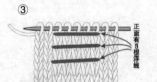

③ 第3、4、5、6行重复第1、第2行。到正面有3根浮线时织回到另一端。

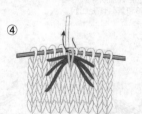

④ 将第3针和前6行浮起的3根线一起编织下针。

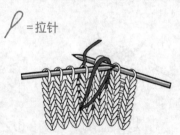 =拉针

先将右针从织物正面的任一位置(根据花型来确定)插入，挑出1个线圈来，然后和左针上的第1针同时编织为1针。

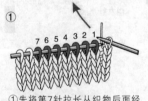 =6针下针和1针下针右上交叉

① ②

① 先将第7针拉长从织物后面经过第6、第5……第1针。

② 分别织好第2、第3……第7针，再织第1针。"6针下针和1针下针右上交叉"完成。

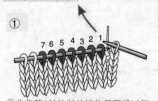 = 6针下针和1针下针左上交叉

① ②

① 先将第1针拉长从织物后面经过第6、第5……第1针。

② 先织好第7针，再分别织好第1、第2……第6针。"6针下针和1针下针右上交叉"完成。

作者店铺信息介绍

雅虎编织

联系地址：江苏省扬州市南宝带新村50-5号门面雅虎编织店

联系电话：18951050990　13004306488

蝴蝶效应

联系地址：上海长宁实体店位于番禺路385弄（临WiLL'S健身房，近上海影城），妈咪织吧

联系电话13564024851

南宫lisa

联系地址：杭州三韩服饰有限公司，杭州市余杭区塘栖镇得胜坝65号

联系电话：0571-86372823

燕舞飞扬手工坊

店铺地址：http://shop62855772.taobao.com/